JN135915

生産緑地を中心とした都市農家・地主の相続税・贈与税

ランドマーク税理士法人 代表税理士
清田幸弘 編著

下﨑 寛・妹尾芳郎・永瀬寿子 共著

税務研究会出版局

はしがき

　近年、農業政策をめぐる動きが活発化し、農地に関する法制化がすすんでいます。

　都市農家・地主の方々の中には、生産緑地に対して相続税の納税猶予制度の適用を受けている方も多いことでしょう。納税猶予の適用を受けた場合、生涯にわたって農業を続けていく義務を負いますが、昨今、家業として続けてきた農業は、少子高齢化の波を大きくかぶり、農地を維持していくことが困難なケースが散見されるようになりました。そこで、政府は、防災空間・緑地空間など多様な機能を持つ都市農地の保持を目的として、平成30年（2018年）に「都市農地の貸借の円滑化に関する法律」を施行しました。これにより、農地を貸した場合にも相続税の納税猶予が継続されることとなり、農業をやめる場合には、農地の貸借の手続きを取ることで、即納税（相続税＋利子税）とならずに済むようになりました。

　また、2022年に地区指定から30年を迎える生産緑地に関しては、「特定生産緑地指定制度」が創設され、それに伴った税制改正が行われました。これにより、農家は特定生産緑地の指定を受けることで、指定期間中に相続が発生した場合には納税猶予の適用対象となりました（特定生産緑地の指定を受けない場合は、現在猶予適用中に限ります）。一方、特定生産緑地指定を受けない場合には、固定資産税・都市計画税は、激変緩和措置がとられるものの、段階的に宅地並み課税に引き上げられることとなりました。

　2022年に買取り申出が可能となる生産緑地を所有している方は、これらの改正を踏まえて、3つの選択肢（①買取り申出を行う、②特定生産緑地指定を受ける、③申出を行わず指定も受けない）から、今後の対応を選ぶことになります。その選択にあたっては、営農継続性、農地貸借の可能性、あるいは、資産活用を行うのであればその事業計画など様々な状況を想定することが必要です。

　今回、これらの選択肢の解説など生産緑地に関する項目を追加し、書名を「都市近郊農家・地主の相続税・贈与税」から「生産緑地を中心とした都市農家・地主の相続税・贈与税」へ変更して刊行することとなりました。

拙著が、都市農家・地主の方々にとって、よりよい資産承継の形を考えるうえでの一助となれば執筆者一同幸甚です。
　　平成31年2月

税理士　清田　幸弘

はしがき（旧版）

　都市における農地は良好な生活環境の形成に資するとともに、新鮮な農作物の生産地としての役割を持ち、さらに近年では災害防止や災害時の緊急用地としての役目を担うことも大きく期待されています。これらの観点から「都市農業振興基本法」が、都市農業の安定的な継続を図ることと都市農業の機能を十分に発揮して良好な都市環境の形成に資することを目的として平成27年4月22日に施行されました。

　三大都市圏の特定市の市街化区域で農地を所有する場合は、生産緑地指定を受けた農地とそれ以外の市街化区域農地ということになりますが、固定資産税の負担が重い市街化区域農地については年々その面積が縮小しており、平成5年に30,628haであったものが、平成25年には13,502haと半分以上減少しました。比較的保持されてきた生産緑地ですが、平成27年に相続税に関する大幅な改正があり、基礎控除額の引下げ、最高税率及び税率構造の改編が行われ、相続税の負担は否応なく高まり、その納税のために生産緑地の売却を行うケースが増えることが予想されます。

　平成28年度の与党による税政改正大綱の課題の中で、『都市農業については、今後策定される「都市農業振興基本計画」に基づき、都市農業のための利用が継続される土地に関し、市街化区域外の農地とのバランスに配慮しつつ土地利用規制等の措置が検討されることを踏まえ、生産緑地が貸借された場合の相続税の納税猶予制度の適用など必要な税制上の措置を検討する。』とされており、生産緑地の取扱いに変更が生じる可能性が示唆されています。近年の農業政策及び税制は変動が激しく、今後の成行きにさらなる注視が必要と考えます。

　このような現状を踏まえて、本書では、農地にかかる相続税に関する概要・要点、事前の対策及び納税に関する事項をまとめました。都市農家及び都市農家にかかわる方々の一助となれば幸いです。最後に、執筆に当たりご協力いただいた税務研究会の皆様ほか多数の方々にお礼申し上げます。

　平成28年1月

税理士　清田　幸弘

目　次

第1章　相続税・贈与税の基本

Ⅰ　相続税 ─────────────────────────── 2
　1　相続税の仕組み ……………………………………… 2
　2　相続人・法定相続人 ………………………………… 4
　3　相続税の計算方法 …………………………………… 8

Ⅱ　贈与税 ─────────────────────────── 12
　1　贈与税の仕組み ……………………………………… 12
　2　暦年課税 ……………………………………………… 15
　3　相続時精算課税 ……………………………………… 18

Ⅲ　遺産分割 ──────────────────────────── 21
　1　分割の方法 …………………………………………… 21
　2　遺言書がある場合 …………………………………… 24
　3　遺言書がない場合 …………………………………… 26
　4　申告期限までに遺産分割が終了しない場合 ……… 28
　　コラム　贈与財産の移転の時期　32

第2章　都市近郊農地（生産緑地）の取扱い

Ⅰ　生産緑地制度 ─────────────────────────── 34
　1　制度の概要 …………………………………………… 34
　2　都市計画と生産緑地との関係 ……………………… 36
　3　生産緑地に対する制限及び義務 …………………… 38
　4　買取り申出 …………………………………………… 40
　5　市民農園への農地貸付け …………………………… 42
　6　生産緑地法の改正内容とその背景 ………………… 45
　7　特定生産緑地とはどのような制度か ……………… 47

8	生産緑地法の改正に伴う所要の措置		49
9	農地に係る相続税等の納税猶予と特定生産緑地		51
10	改正生産緑地法への対応方法		53
11	三大都市圏の特定市以外の生産緑地の今後		55

Ⅱ　税制上の特例（固定資産税） ——— 57
1　指定解除後の課税関係 …… 57

Ⅲ　税制上の特例（相続税の納税猶予） ——— 60
1　納税猶予の概要 …… 60
2　納税猶予終了とならない農地の貸付け …… 64
3　営農困難時貸付け …… 67

　コラム　納税猶予　70

第3章　相続財産の評価

Ⅰ　土地以外の相続税の課税対象財産 ——— 72
1　相続財産となるもの全般 …… 72
2　名義の預金・株・保険 …… 75

Ⅱ　土地の評価（原則） ——— 77
1　地目の判定 …… 77
2　登記簿上の地目と現況地目が異なる場合(1) …… 79
3　登記簿上の地目と現況地目が異なる場合(2) …… 80
4　登記簿上の地目と現況地目が異なる場合(3) …… 81
5　登記簿上の地目と現況地目が異なる場合(4) …… 82
6　採草放牧地の地目の判定 …… 83
7　複数の地目で一体評価する場合 …… 84

Ⅲ　土地の評価（評価減が行えるもの、特殊性のあるもの） ——— 86
1　貸家建付地の判断（郊外型貸店舗） …… 86
2　地積規模の大きな宅地の評価の概要 …… 88
3　「地積規模の大きな宅地」の判定フローチャート …… 90
4　規模格差補正率 …… 93
5　新旧通達の比較 …… 95

	6　市街地農地の地積規模が大きな宅地の適用 …………………………	97
	7　広大地（市街化区域）〔平成29年12月31日以前〕……………………	99
	8　広大地（市街化調整区域）〔平成29年12月31日以前〕………………	101
	9　市街化区域の純山林評価 …………………………………………………	103
	コラム　公簿面積と実測面積　　105	
	10　市街化調整区域の雑種地の評価 …………………………………………	106
	11　高低差、忌地等の評価減がある場合 ……………………………………	107
	12　小作地の調査、判断 ………………………………………………………	109
	13　名寄帳に載っていない土地の調査 ………………………………………	110
	14　鑑定評価を行う場合 ………………………………………………………	111
Ⅳ	小規模宅地等の特例 ────────────────────────	114
	1　小規模宅地等の特例 ………………………………………………………	114
	2　2世帯住宅と小規模宅地の特例 …………………………………………	118
	3　老人ホームと小規模宅地の特例 …………………………………………	120
	4　家なき子と小規模宅地の特例 ……………………………………………	122
	5　貸付事業用宅地の改正 ……………………………………………………	124
	6　自宅敷地に農業用の宅地（特定事業用）がある場合 …………………	126
	7　居住用、事業用、貸付用の選択基準 ……………………………………	128

第4章　相続準備・資産管理

Ⅰ	贈与の活用 ────────────────────────────	132
	1　暦年課税 ……………………………………………………………………	132
	2　贈与税の配偶者控除 ………………………………………………………	135
	3　住宅取得等資金の贈与 ……………………………………………………	137
	4　教育資金等の贈与 …………………………………………………………	140
Ⅱ	養子縁組 ─────────────────────────────	143
	1　養子による相続対策の仕組み ……………………………………………	143
Ⅲ	賃貸物件建設 ───────────────────────────	146
	1　建設による相続対策の仕組み ……………………………………………	146
	2　不動産管理会社の活用 ……………………………………………………	148

Ⅳ　保険金、退職金の非課税枠 ——————————————— 152
　1　生命保険金 ………………………………………………………… 152
　2　死亡退職金 ………………………………………………………… 154
Ⅴ　二次相続対策（配偶者の相続分） ————————————— 157
　1　二次相続対策 ……………………………………………………… 157
　　コラム　不動産管理会社の物件所有　　159

第5章　納　税　等

Ⅰ　金銭納付 ————————————————————————— 162
　1　納税資金準備の検討の順序 ……………………………………… 162
　2　納税資金に配慮した遺産分割協議のポイント ………………… 166
　3　相続した不動産を売却した場合の譲渡所得の計算 …………… 169
　4　遺産分割の内容により適用できる特例が異なる場合 ………… 172
Ⅱ　延　納 —————————————————————————— 175
　1　延納の概要 ………………………………………………………… 175
　2　延納できる期間と利子税の割合 ………………………………… 179
　3　延納における担保の提供 ………………………………………… 182
　4　延納許可限度額 …………………………………………………… 184
Ⅲ　物　納 —————————————————————————— 186
　1　物納の概要 ………………………………………………………… 186
　2　物納許可限度額と物納に充てることができる財産 …………… 190
　3　物納を選択する場合の留意点 …………………………………… 194
Ⅳ　更正の請求 ———————————————————————— 197
　1　更正の請求の概要 ………………………………………………… 197
　2　地積規模の大きな宅地の評価の適用を失念していた場合 …… 200
　3　未分割財産が分割されたことにより、税額が減少する場合 … 203
　4　小規模宅地等の特例の選択替えの場合 ………………………… 205
Ⅴ　税務調査 ————————————————————————— 207
　1　税務調査の概要 …………………………………………………… 207
　2　税務調査時の質問・確認事項 …………………………………… 210

3 調査されない申告のポイント（名義財産） ………………… 213
4 調査されない申告のポイント（入出金の流れ） …………… 216
　コラム　税務調査後の罰則（加算税）が厳しくなったのをご存じですか？　219

凡　例

相法……………………相続税法
相令……………………相続税法施行令
相規……………………相続税法施行規則
相基通…………………相続税法基本通達
財基通、評価通達……財産評価基本通達
所法……………………所得税法
所基通…………………所得税基本通達
措法……………………租税特別措置法
措通……………………租税特別措置法基本通達
通則法…………………国税通則法
通則令…………………国税通則法施行令
通基通…………………国税通則法基本通達
障害者総合支援法……障害者の日常生活及び社会生活
　　　　　　　　　　　を総合的に支援するための法律

（省略例）相続税法第10条第1項第2号＝相法10①二

※　本書の内容は、平成31年1月1日現在の法令・通達等によっています。

第1章

相続税・贈与税の基本

Ⅰ 相続税

1 相続税の仕組み

Q 父が亡くなり、父が所有していた日本国内及びアメリカの不動産、金融資産等を相続します。相続人は、私とアメリカ国籍を取得しアメリカに住んでいる弟の2名です。相続税は誰に対してどのように、課税されるのでしょうか。

A

　相続税とは、死亡した者（被相続人）の財産を相続、遺贈（贈与をした者の死亡により効力を生ずる贈与（死因贈与）を含む。以下同じ。）や相続時精算課税に係る贈与によって取得した相続人等に対して、その取得した財産の価額を基に課される税金です（相法1の3）。相続発生時点における被相続人及び相続人等の住所地、又は相続人等の日本国籍の有無によって、課税される財産の範囲が異なります。

・・・・・・・・・・・・・・・ 解　説 ・・・・・・・・・・・・・・・

　相続税は、死亡した者（被相続人）の財産を相続、遺贈や相続時精算課税の適用を受けた贈与により取得し、それら財産の価額の合計額（債務などの金額を控除し、相続開始前3年以内の贈与財産の価額を加算します。）が基礎控除額を超える場合に、その超える部分（課税遺産総額）に対して、課税されます。正味の遺産額（遺産総額と相続時精算課税の適用を受ける贈与財産の合計から、非課税財産、葬式費用及び債務を控除し、相続開始前3年以内の贈与財産を加えたもの）が基礎控除額を超える場合は相続税がかかりますので、相続税の申告及び納税が必要です。小規模宅地等の特例や特定計画山林の特例などを適用して、課税価格の合計額が遺産に係る基礎控除額以下となる場合にも、申告を行う必要があります。相続税の申告期限及び納付期限は、被相続人の死亡したことを知った日の翌

日から10か月以内です。なお相続人間において、共同で申告書を作成することができない場合は、個別に提出しても構わないとされています。

相続開始時点で、被相続人の住所が日本国内にあるかどうか、相続人・受遺者の住所及び国籍の所在地によって、課税される財産の範囲が定められています。

相続税の納税義務者及び相続税の課税財産の範囲は、次表の通りです。

被相続人 贈与者 \ 相続人 受贈者	国内に住所あり	国内に住所あり 一時居住者(※1)	国内に住所なし 日本国籍あり 10年以内に住所あり	国内に住所なし 日本国籍あり 10年以内に住所なし	国内に住所なし 日本国籍なし
国内に住所あり					
一時居住被相続人(※1) 　一時居住贈与者(※1)	国内・国外財産ともに課税				
国内に住所なし 10年以内に住所あり					
相続税　外国人					
贈与税　短期滞在外国人(※2) 　　　　　長期滞在外国人(※3)				国内財産のみに課税	
国内に住所なし 10年以内に住所なし					

※1　出入国管理法別表第1の在留資格で滞在している者で、相続・贈与前15年以内において国内に住所を有していた期間の合計が10年以下の者
※2　出国前15年以内において国内に住所を有していた期間の合計が10年以下の外国人
※3　出国前15年以内において国内に住所を有していた期間の合計が10年超の外国人で出国後2年を経過した者

出典：財務省平成30年度税制改正の解説

なお、相続又は遺贈によって財産を取得しなかった個人で、被相続人から相続時精算課税の適用を受ける財産を贈与により取得した者については、その相続時精算課税の適用により取得した財産について、相続税の納税義務が生じます（相法1の3①五、21の16①）。また、原則として相続税の納税義務者は、相続又は遺贈によって財産を取得した個人ですが、遺贈により財産を取得する人格のない社団等が個人とみなされ、納税義務者となる場合があります（相法66①④）。

2　相続人・法定相続人

Q 兄が亡くなったため、兄の遺産分割を行います。兄は配偶者及び子がなく、父母及び祖父母も既に亡くなっています。兄弟は、私（甲）と父の前の結婚による子2名（A、B）の計3名です。また、私の妻（乙）が私の実父母と養子縁組を行っています。甲、乙、A、Bの4名で均等に相続することになるのでしょうか。

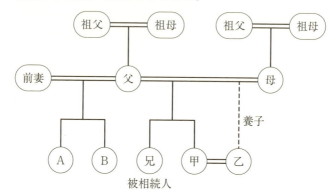

A

相続分は、相続人間の協議によって任意に決めることができます。兄弟姉妹の法定相続分（相続人の間で遺産分割の合意ができなかったときの遺産の取り分で、民法で定められた割合）は、父母の双方を同じくする場合は等分ですが、一方のみを同じくする場合は双方を同じくする兄弟姉妹の1／2となります。また、養子の法定相続分は実子の法定相続分と同一なので、このケースの法定相続分は、甲：1／3、乙：1／3、A：1／6、B：1／6です。

●●●●●●●●●●●●●●●●●●●●●　解　説　●●●●●●●●●●●●●●●●●●●●●

　民法上、相続人の範囲と順位が次のように定められています（民法887、889、890）。この民法で定められた相続人のことを「法定相続人」と呼び、戸籍に基づいて確定します。

〈相続順位と法定相続分〉

順位	法定相続人と法定相続分	
第1順位	子（又はその代襲者である直系卑属）1／2	配偶者1／2
第2順位	直系尊属1／3	配偶者2／3
第3順位	兄弟姉妹（又はその代襲者である甥・姪）1／4	配偶者3／4

（注） 子、直系尊属又は兄弟姉妹が数人あるときは、各自の相続分は等しくなりますが、父母の一方のみを同じくする兄弟姉妹の相続分は、父母の双方を同じくする兄弟姉妹の相続分の1／2となります。法律上の婚姻関係にない男女間に生まれた子（非嫡出子）の法定相続分は、平成25年9月5日以後に開始した相続からは嫡出子と同等です。

(1) 被相続人の配偶者は、常に相続人（内縁関係は対象外）です。
(2) 配偶者とともに、次の順序で相続人となります。
　① 被相続人の子(子が被相続人の相続開始以前に死亡しているときなどは、孫（直系卑属）)
　② 被相続人の直系卑属がいないときは、被相続人の父母（父母が被相続人の相続開始以前に死亡しているときなどは、祖父母（直系尊属））
　③ 被相続人に直系卑属及び直系尊属がいないときは、被相続人の兄弟姉妹（兄弟姉妹が被相続人の相続開始以前に死亡しているときなどは、甥・姪）

同順位の相続人が複数ある場合には、それらの相続人が共同で相続することになります。

養子は、養子縁組の届出をした日から養親の嫡出子としての身分を取得します（民法809）。養親と養子の合意に基づき縁組を行う普通養子制度では、実親との親族関係は存続するため、実親に対する相続権、扶養請求権は失われません。民法上の養子の数に制限はありませんが、相続税法では、「法定相続人の数」に含める被相続人の養子の数は、一定数に制限されています（相法15②）。

(1) 被相続人に実の子供がいる場合
　　1人までです。
(2) 被相続人に実の子供がいない場合
　　2人までです。

ただし、養子の数を法定相続人の数に含めることで相続税の負担を不当に減少させる結果となると認められる場合、その原因となる養子の数は、上記(1)又は(2)の養子の数に含めることはできません。過去には、養子として相続人の数を増やすことによって、基礎控除額や生命保険金・退職手当金の非課税限度額を増加させ相続税額を少なくするというケースが散見されたため、税負担回避行為を排除するために規定された制限です。

相続財産は、相続人間の遺産分割協議等によって分割を行います。共同相続人は、分割されるまでは、各々が相続財産を共有する状態にあり、その持分は、民法の規定により法定相続分として定められています（民法900）。

配偶者がなく、相続人が子のみ、直系尊属のみ、兄弟姉妹のみの場合は、その相続人間で均等割します。

代襲者とは、相続人となるべき者が、相続開始前に死亡や欠格・廃除により相続権を失った場合に、その相続人となるべきであった者の直系卑属をいいます。代襲者は、相続人となるべきであった者に代わり、その相続分を相続します（民法887②、889②）。

本来の相続人の「相続の放棄」による場合は、代襲は行われません。代襲者が被相続人の直系卑属の場合は、その代襲者の死亡や欠格・廃除により再代襲（次の直系卑属への代襲）されることになります（民法887③）。しかし、相続人が被相続人の兄弟姉妹である場合は、その兄弟姉妹が被相続人より先に死亡している場合は、甥あるいは姪が代襲者になりますが、その甥・姪に対する再代襲者は規定されていません（民法889②）。代襲相続人の相続分は、本来の相続人の相続分を引き継ぎ、本来の相続人に対して複数の代襲相続人が存在する場合は、本来の相続分を均等に分割したものになります（民法901）。

被相続人の孫養子で、被相続人の子（＝養子の親）が、被相続人より先に亡くなったため、本来の相続人としての身分と、代襲者としての身分とが重複する場合は、双方の相続分を取得することになります（昭和26．9．18民甲1881号回答）。相続税法上で法定相続人の数を計算する場合には、この孫は実子1人として計算します（相基通15－4）。

被相続人の孫（又は直系卑属）が被相続人の養子になっている場合には、本来は一親等の（法定）血族に当たるわけですが、その孫養子（直系卑属養子）が相続（遺贈）により財産を取得した場合には、租税回避防止の観点から、相続税額の２割加算の適用対象とされています（相法18②）。

ただし、被相続人の子（又はその直系卑属）が先に死亡等したため、代襲相続人として相続又は遺贈により財産を取得することになった孫養子（直系卑属養子）については、相続税額の２割加算の規定は適用されません（相法18②ただし書）。

民法では自己の財産処分権を認める一方、遺族の生活保障を考慮し、相続財産の一定割合を一定の範囲の相続人に留保する「遺留分」という制度を設けています（民法1028）。

〈法定相続分と遺留分〉

相続人	相続分	遺留分
配偶者 子（又は孫）	配偶者　1／2 子　　　1／2	配偶者　1／4 子　　　1／4
配偶者 父母（又は祖父母）	配偶者　2／3 父母　　1／3	配偶者　1／3 父母　　1／6
配偶者 兄弟姉妹（又は甥・姪）	配偶者　3／4 兄弟姉妹　1／4	配偶者　1／2 兄弟姉妹　なし
配偶者のみ	全部	1／2
子（又は孫）のみ	全部	1／2
父母（又は祖父母）のみ	全部	1／3
兄弟姉妹（又は甥・姪）のみ	全部	なし

（注）　兄弟姉妹には遺留分は認められていません。

3　相続税の計算方法

Q 父の死亡により、相続税の申告が必要です。相続税の計算の仕組みはどのようになっているのでしょうか。法定相続人は、配偶者である母（A）と長男（B）、長女（C）、次女（D）の4名です。課税価格は10億円で、AとBが1／2ずつ相続します。

A

相続税法では、①課税価格の計算、②相続税額の総額の計算、③各人の税額の計算、④各人の納付税額の計算の4段階を経て、納付税額を計算します。

・・・・・・・・・・・・・・・解　説・・・・・・・・・・・・・・・

　相続税は、各人の課税価格の合計額からその遺産に係る基礎控除額を控除した金額を、法定相続分に応じて計算された各取得金額につき、超過累進税率を適用して計算されます。
　各人が納付すべき相続税額の計算は、相続税の総額を按分し、その金額から税額控除額を差し引いた金額となります。相続税の計算方法について、順を追って説明します。

①　相続や遺贈及び相続時精算課税の適用を受ける贈与によって財産を取得した人ごとに課税価格を計算し、その後、相続や遺贈及び相続時精算課税により財産を取得したすべての者の相続税の課税価格の合計額を計算します。

②　上記①の課税価格の合計額から、遺産に係る基礎控除額を控除した残額を法定相続分に応じて取得したものと仮定して、各人ごとの取得金額を計算します。実際の分割とは関係ありません。その後、各人の取得金額に対して相続税の税率を適用して、各人の相続税額を計算します。次に、その各人の相続税額を合計し、相続税の総額とします。

③　上記②で計算した相続税の総額を、実際に各人が取得した財産の割合に応じて配分したものが、各人の相続税額となります。

④　上記③で計算した各人の相続税額に対し、各種の税額控除額を控除したものが各人の納付税額になります。ただし、財産を取得した人が被相続人の配偶者、及び一親等の血族（父母、子供（代襲して相続人となった直系卑属を含みます。））以外の者である場合、税額控除を差し引く前の相続税額にその20％相当額を加算した後、税額控除額を差し引きます。

相続税の速算表【平成27年1月1日以後の場合】

法定相続分に応ずる取得金額	税率	控除額
1,000万円以下	10%	－
3,000万円以下	15%	50万円
5,000万円以下	20%	200万円
1億円以下	30%	700万円
2億円以下	40%	1,700万円
3億円以下	45%	2,700万円
6億円以下	50%	4,200万円
6億円超	55%	7,200万円

【事例】

〈前提条件〉
　相続人：母（A）、子3人（長男（B）、長女（C）、次女（D））
　課税価格の合計額：10億円
　分割形態：妻50％、長男50％

相続財産							
非課税財産	遺産総額						
	土地等	建物	現金	預金	有価証券	生命保険	退職金	その他の財産

債務	葬式費用	①課税価格10億円	
		純資産額	相続開始前3年以内の生前贈与財産 相続時精算課税の適用により贈与した財産

基礎控除額		基礎控除 5,400万円	課税遺産総額 94,600万円
3,000万円＋ 600万円× 法定相続人の数（4人）			

第1章 相続税・贈与税の基本

法定相続分に応じた各人の取得金額			
母（A） （1／2） 47,300万円	長男（B） （1／6） 15,766万円	長女（C） （1／6） 15,766万円	次女（D） （1／6） 15,766万円

各取得金額に税率を乗じた額			
19,450万円	4,606万円	4,606万円	4,606万円

②

相続税の総額
33,268万円

③

実際の相続割合に応じた各人の算出税額			
母（A） （1／2） 16,634万円	長男（B） （1／2） 16,634万円	長女（C） 0万円	次女（D） 0万円

税　額　控　除　額			
配偶者の 税額軽減 16,634万円	0	0	0

④

各人の納付税額			
0	16,634万円	0	0

Ⅱ 贈 与 税

1 贈与税の仕組み

Q 子供の自宅を建築するための費用として、住宅取得等資金贈与の特例を適用する贈与を行い、その特例を超える部分の金額については子供へ貸し付けるつもりです。貸付けとした金額について、贈与とみなされることはないのでしょうか。

A 実際に貸付契約（金銭消費貸借契約）があり、その契約に基づいて貸付金元本及び利息の返済があれば、その貸付けは贈与とみなされることはありません。

・・・・・・・・・・・・・ 解 説 ・・・・・・・・・・・・・

　被相続人が生前に財産を贈与することにより、相続税負担が軽減されることになると、同程度の財産を取得した者との間で税負担の不公平感が著しくなる場合が生じます。そのため生前贈与に対しては、相続で財産を取得した場合に課せられる相続税よりも高い累進度合で贈与税が課税されることになります。

　夫と妻、親と子、祖父母と孫等特殊の関係がある者相互間で、無利子の金銭の貸与等があった場合には、それが事実上贈与であるのにかかわらず貸与の形式をとったものであるかどうかについて念査が必要とされており、これらの特殊関係のある者間において、無償又は無利子で土地、家屋、金銭等の貸与があった場合には、相続税法第9条に規定する利益を受けた場合に該当するものとして取り扱うものとされています。ただし、その利益を受ける金額が少額である場合又は課税上弊害がないと認められる場合には、強いてこの取扱いをしなくてもよいとされています（相基通9－10）。

　夫婦間、親子間等の親族間においては、金銭消費貸借契約を結んでいても、返

済が不履行、あるいは無償、無利子などの契約条件で、貸付けであるのか、実質的には贈与であるのか不透明な場合があります。このような場合には、貸付けか贈与かの事実認定が行われることになり、贈与と認定されれば、贈与税の課税対象となります。

以下のような証憑書類や状況を鑑みて、事実認定が行われることになります。
① 金銭消費貸借契約書
② 返済の事実を示す資料（金融機関の振込書や通帳の備考欄への記載など）
③ 返済能力があること
④ 貸与の理由が明確であること

贈与と認定されることを回避するためには、書類の整備や条件整備を行っておく必要があります。

贈与税の課税対象となる行為	具 体 例
不動産や株式等の名義変更	無償による財産の名義変更があった場合、名義人となった人に対して贈与があったとみなされます。
保険料を負担しないで保険金を受け取った場合	保険料の負担者から受取人に対して贈与があったとみなされます。
著しく低い価格で財産を譲り受けたとき	例えば、時価5,000万円の財産を1,000万円で譲り受けた場合に、差額の4,000万円について贈与があったとみなされます。
債務の免除や債務の引受けがあった場合（債務者が資力を喪失して弁済能力がない場合に行われる債務の免除や肩代わりを除く）	例えば、300万円の借金を友人に帳消しにしてもらった場合や、親に借金を肩代わりしてもらった場合などは、その300万円の贈与があったとみなされます。

贈与税の課税対象外の行為	理 由
法人からの贈与により取得した財産	贈与税は個人から財産を贈与により取得した場合にかかる税金であり、法人から財産を贈与により取得した場合には贈与税ではなく所得税がかかります。
夫婦や親子、兄弟姉妹などの扶養義務者から生活費や教育費に充てるために取得した財産で、通常必要と認められるもの	相続税法基本通達に規定されている扶養義務者相互間においては、非課税とされています。民法上で扶養義務がない三親等内の親族についても、税法上では、生計を一にする場合には（家庭裁判所の審判がない場合でも）扶養義務があるものとして取り扱うこととされています。

宗教、慈善、学術その他公益を目的とする事業を行う者が取得した財産で、その公益を目的とする事業に使われることが確実なもの	公益に資するため、非課税とされています。
特定障害者扶養信託契約に基づく一定の要件を満たす信託受益権の価額（信託財産の価額）のうち、6,000万円（特別障害者以外の者は3,000万円）までの金額に相当する部分	障害者の生活保障のため、非課税とされています。
個人から受ける香典、花輪代、年末年始の贈答、祝物又は見舞いなどのための金品で、贈与者と受贈者との関係等に照らして社会通念上相当と認められるもの	社会通念上、非課税とされています。
直系尊属から贈与を受けた住宅取得等資金のうち一定の要件を満たすものとして、贈与税の課税価格に算入されなかったもの	住宅取得等資金の贈与税の非課税特例によって、非課税とされます。
直系尊属から一括贈与を受けた教育資金あるいは結婚・子育て資金のうち一定の要件を満たすものとして、贈与税の課税価格に算入されなかったもの	教育資金・結婚子育て資金の一括贈与に係る非課税特例によって、非課税とされます。
相続や遺贈により財産を取得した人が、相続があった年に被相続人から贈与により取得した財産	相続財産を取得した人が、相続があった同年中に被相続人から贈与により取得した財産は、原則として相続税の対象となります。

（相法1の4、2の2、19、21の2、21の3、21の4、相令4、措法70の2、70の2の2、相基通1の2-1、21の3-3～6、21の3-8～9、所基通34-1）

2　暦年課税

Q 私は、毎年孫の誕生日に、100万円の現金を孫に贈与しています。孫はこれ以外の財産の贈与を受けていません。これらの贈与は贈与税の基礎控除額以下のため、贈与税は課税されないと考えてよいでしょうか。

A

　各年において贈与により受け取った財産の額が110万円の基礎控除額以下である場合には、贈与税がかかりませんので申告の必要はありません。ただし、複数年にわたって毎年100万円ずつ贈与を受けることが、贈与者との間で約束されている場合には、約束をした年に、「定期金給付契約に関する権利」（複数年にわたり毎年100万円ずつの給付を受ける権利）の贈与を受けたものとして贈与税がかかりますので申告が必要です。

解　説

　毎年同じ条件で贈与を行っている場合は、「定期金給付契約に関する権利」を贈与したとみなされる場合があります。相続税法第24条に規定する「定期金給付契約に関する権利」とは、契約によりある期間定期的に金銭その他の給付を受けることを目的とする債権をいい、毎期に受ける支分債権ではなく、基本債権のことになります。定期的な贈与に関しては、贈与の約束をした年に、「定期金給付契約に関する権利」の贈与を受けたものとして、毎年贈与を受ける金額ではなく、元々贈与するつもりであった金額に対して贈与税がかかりますので申告が必要になります（相法24、相基通24－1）。

　なお、その贈与者からの贈与について相続時精算課税を選択している場合には、贈与税がかかるか否かにかかわらず申告が必要です。

　贈与税の計算は、1年間に贈与を受けた財産の価額の合計額（1年間に2人以上の人から贈与を受けた場合はそれらから受けた贈与の総合計額）から、110万円（基礎控除額）を差し引いて、税率を乗じて計算します（相法21の5、措法70

の2の4）。贈与税率は、贈与者と受贈者との関係によって、適用される税率構造が異なり、高齢者の保有する資産を現役世代により早期に移転させ、その有効活用を通じて経済循環につなげる目的で、子や孫等への贈与を促進させるべく、一般贈与財産と特例贈与財産に区分し、子や孫等が受贈者となる場合の特例贈与財産の贈与税の税率構造は平成27年以降緩和されています。贈与税も相続税と同様に累進課税の方法が採用されているため、税率を乗じたのち控除額を減じます。下表は計算に便利な速算表です。

〈贈与税速算表〉

課税価格（基礎控除後）	一般税率	控除額	特例税率※	控除額
200万円以下	10%	−	10%	−
200万円超〜300万円以下	15%	10万円	15%	10万円
300万円超〜400万円以下	20%	25万円	15%	10万円
400万円超〜600万円以下	30%	65万円	20%	30万円
600万円超〜1,000万円以下	40%	125万円	30%	90万円
1,000万円超〜1,500万円以下	45%	175万円	40%	190万円
1,500万円超〜3,000万円以下	50%	250万円	45%	265万円
3,000万円超〜4,500万円以下	55%	400万円	50%	415万円
4,500万円超	55%	400万円	55%	640万円

※　直系尊属（父母・祖父母など）からの贈与により財産を取得した受贈者（贈与年の1月1日において20歳以上の者に限ります。）について適用されます。

同年中に一般贈与財産（A）と特例贈与財産の贈与（B）を受けた場合は、以下のように計算することになります。

① すべての財産を「一般税率」で計算した税額に占める「一般贈与財産」の割合に応じた税額を計算します。

　　計算式：（A＋B）を一般税率で計算した税額×A／（A＋B）

② すべての財産を「特例税率」で計算した税額に占める「特例贈与財産」の割合に応じた税額を計算します。

　　計算式：（A＋B）を特例税率で計算した税額×B／（A＋B）

③ ①＋②の合計額が納付税額となります。

【計算例】

父から900万円の特例贈与を受け、兄から100万円の一般贈与を受けた場合

① 1,000万円 － 110万円 ＝ 890万円

890万円 × 40％ － 125万円 ＝ 231万円

231万円 × 100万円／1,000万円 ＝ 23.1万円

② 1,000万円 － 110万円 ＝ 890万円

890万円 × 30％ － 90万円 ＝ 177万円

177万円 × 900万円／1,000万円 ＝ 159.3万円

③ 23.1万円 ＋ 159.3万円 ＝ 182.4万円

3　相続時精算課税

Q 孫が家を建てる計画があるので、その建築費相当額の贈与を行うことを考えています。孫が贈与税の申告を行う際には、建築費3,500万円のうち1,500万円については住宅取得等資金贈与の非課税措置を適用し、2,000万円については相続時精算課税の適用を受けるつもりです。相続が発生した場合には、この生前贈与はどのように取り扱われるのでしょうか。

A 住宅取得等資金贈与の非課税措置の適用を受けて、贈与税の課税価格に算入されなかった金額は、相続税の課税価格に加算する必要はありません。相続時精算課税を適用した金額については、相続財産の価額に加算することになります。

解　説

贈与税の課税制度には上記2（15ページ）で説明した「暦年課税」のほかに「相続時精算課税」があります。「相続時精算課税」は、贈与時に贈与財産に対する贈与税を納め、その贈与者が亡くなった時にその贈与財産の贈与時の価額と相続財産の価額とを合計した金額を基に計算した相続税額から、既に納めたその贈与税相当額を控除することにより贈与税・相続税を通じた納税が行われるという仕組みになっています。その適用対象者は、以下の通りです。

> 贈与者：贈与をした年の1月1日において60歳以上の親又は祖父母（住宅取得等のための資金贈与については、平成33（2021）年12月31日まで年齢制限がありません。）
> 受贈者：贈与者の推定相続人である贈与を受けた年の1月1日において20歳以上の子又は贈与を受けた年の1月1日において20歳以上の孫

相続時精算課税の適用を受けている者の贈与税の計算では、その選択をした年以後は、相続時精算課税に係る贈与者以外の者からの贈与財産と区分することが必要です。その贈与税の額は、贈与財産の価額の合計額から、相続時精算課税の

特別控除額（限度額：2,500万円。ただし、前年以前において、既にこの特別控除額を控除している場合は、残額が限度額となります。）を控除した後の金額に、20％の税率を乗じて計算します。注意しなければならないのは、相続時精算課税の適用に係る贈与者からの贈与については、暦年課税の基礎控除額である110万円を控除することはできなくなるため、その贈与者から贈与を受けた財産が110万円以下であっても贈与税の申告を要する点です。なお、相続時精算課税を選択した受贈者が、相続時精算課税に係る贈与者以外の者から贈与を受けた財産については、その贈与財産の価額の合計額から暦年課税の基礎控除額110万円を控除し、該当する区分の贈与税の税率を適用して贈与税額を計算します。

〈相続時精算課税の仕組み〉

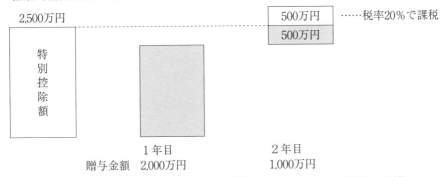

※ 3年目以降は、特別控除額を超えたため贈与金額に対して、一律20％で課税。

相続時精算課税制度は「暦年課税」との選択適用となっており、選択後に撤回することはできません。さらに、この制度は生前に贈与した財産についても相続財産に加算して相続税を支払う必要があります。相続時には、相続時精算課税を適用した贈与財産を贈与時の価額で持ち戻して計算を行うのですが、その財産が宅地等であっても小規模宅地等の特例の適用は受けられず、また、その贈与財産は物納対象財産に含まれないなどのデメリットがあります。しかし、今後の区画整理や都市開発事業で確実に値上がりの期待ができる土地や、値上がりが見込まれる株式については、この制度を適用した方が有利になる場合もあります。

今回のケースで相続税でのメリットを求めるなら、相続時精算課税を適用しよ

うと考えている贈与金額部分については贈与を行うのではなく、持分を共有するという方法が考えられます。相続が発生した時点では、預貯金等であれば残高そのものが相続財産としての評価額となりますが、建物についてはその固定資産税評価額が採用されます。固定資産税評価額は支出した金額の6割程度とされるため、金融資産で保有しているよりも固定資産税評価額という指標を持つ建物へ形を変えるという方法もあります。

相続時精算課税制度自体、相続税を支払う人にはメリットが少ないものですが、生前の適当な時期に特定の財産を特定の人に渡しておきたいという希望がある場合は検討する価値のある方法です。

住宅取得等資金贈与の非課税限度額は、新築等をする家屋の種類、契約の締結日、受贈者の要件など細かく規定されていますので、ご留意ください（137ページ参照）。

Ⅲ 遺産分割

1 分割の方法

Q 父が亡くなり、母（A）と長男（B）、長女（C）、次女（D）の4名で遺産分割を行います。生命保険金5,000万円の受取人はA、その他の遺産はすべてBが相続します。CとDには、Aが受け取った生命保険金から2,000万円ずつ渡します。この4,000万円は代償金として取り扱うことが可能でしょうか。

生命保険金又は退職手当金の取得者が相続によって財産を取得していない場合には、その者から他の相続人へ渡した財産は贈与税の課税対象となります。生命保険金又は退職手当金の取得者が相続によって財産を取得した場合でも、その取得した財産の価額を超える代償金を支払うと、その超過部分については、遺産分割による支払ではなく贈与となります。

•••••••••••• 解　説 ••••••••••

　遺産の分割は、遺産に属する物又は権利の種類及び性質、各相続人の年齢、職業、心身の状態及び生活の状況その他一切の事情を考慮して行うとされています（民法906）。遺産分割の種類には、遺言によって指定された分割内容通りに分割する場合、協議によって分割内容を決定する場合、調停や審判を経て分割内容を決定する場合があります。これらによって決定された分割を実現するために、①現物分割、②代償分割、③換価分割の方法を用います。

　①　現物分割は、分割の原則的な方法であり、遺産を現物のまま分ける方法です。

　②　代償分割は、現物分割が困難な場合に相続人のうち特定の者に相続財産を

現物で取得させ、その現物を取得した人が他の相続人に対して債務を負担する方法です。家事事件手続法第195条（債務を負担させる方法による遺産の分割）に規定されている方法であり、「家庭裁判所は、遺産の分割の審判をする場合において、特別の事情があると認めるときは、遺産の分割の方法として、共同相続人の一人又は数人に他の共同相続人に対する債務を負担させて、現物の分割に代えることができる。」という条文に基づいています。

③　換価分割は、共同相続人又は包括受遺者のうちの１人又は数人が相続又は包括遺贈により取得した財産の全部又は一部を金銭に換価し、その換価代金を分割する方法をいい、家事事件手続法第194条（遺産の換価を命ずる裁判）第１項に規定された「家庭裁判所は、遺産の分割の審判をするため必要があると認めるときは、相続人に対し、遺産の全部又は一部を競売して換価することを命ずることができる。」という条文に基づいています。

　このうち、代償分割によって遺産分割を行う場合に、いくつか注意すべき点があります。例えば、相続人の一人が多額の生命保険金や退職手当金を取得したため、被相続人の遺産を取得せずに他の相続人へ代償金を支払うと、その支払は遺産分割における代償分割ではなく、贈与とみなされて贈与税の課税対象となってしまいます。被相続人の死亡によって取得した生命保険金や損害保険金で、その保険料の全部又は一部を被相続人が負担していたもの、あるいは、被相続人に支給されるべきであった退職手当金等を受け取る場合で、被相続人の死亡後３年以内に支給が確定したものは、相続財産とみなされて相続税の課税対象となります（相法３①一、二）。これらの生命保険金や退職手当金は、相続税の課税対象となりますが、本来の相続財産ではありませんので、相続財産でない生命保険金や退職手当金を原資とする金銭の贈与として、その支払を受けた者に贈与税が課税されます。

　また、相続財産である預金の解約手続を簡便に行うために、相続人のうちの一人の者が全ての預金口座を相続し、代償分割による支払によって相続財産の精算を行うという方法を取る場合があります。その後相続財産の譲渡を行い、相続財産を譲渡した場合の取得費の特例を適用して譲渡所得の計算をする際に、その支

払代償金については取得費ないし譲渡費用として控除することが認められていません。代償分割を採用する場合には、相続により取得した土地、建物、株式などを相続税の申告期限の翌日以後3年を経過する日までに譲渡する計画があるかどうかを考慮しておく必要があります。

2　遺言書がある場合

Q 父が死亡し、遺産分割を行うことになりました。父は公正証書遺言を作成してあり、「すべての財産は農業経営を引き継ぐ長男に相続させる」という内容でした。しかし、自宅から「貸家の土地と建物は、次男に相続させる」と記載された自筆証書遺言が見つかりました。やはり公正証書遺言の内容が優先されるのでしょうか。

A

　適正に作成された遺言書であれば、自筆証書遺言であっても公正証書遺言と同一の効力があります。複数の遺言があった場合は、原則として日付が後のものが有効とされます。しかし、それぞれの遺言の内容が相互に抵触する部分（遺言同士の内容に矛盾）がない場合には、複数の遺言はそれぞれが有効となります。

●●●●●●●●●●●●●●● 解　説 ●●●●●●●●●●●●●●●

　遺言とは、遺言者自らが自分の残した財産の帰属を決め、それを具現化するために書き記すものです。遺言者の真意を確実に実現させる必要があるため厳格な方式が定められていて、その方式に従わない遺言はすべて無効になります。

　遺言の主な方式として、公正証書を作成する場合と自筆証書を作成する場合があります。公正証書遺言は、遺言者が公証人の面前で遺言の内容を口授し、それに基づいて公証人が遺言者の真意を正確に文章化し、公正証書遺言として作成するものです。一方、自筆証書遺言は、遺言者が自ら紙に遺言の内容の全文を書き、かつ、日付・氏名を書いて署名の下に押印することにより作成する遺言です（すべてを自書しなければならず、パソコンやタイプライターによるものは無効です）(注1)（民法968①）。遺言書（公正証書による遺言を除きます。）の保管者又はこれを発見した相続人は、遺言者の死亡を知った後遅滞なく遺言書を家庭裁判所に提出して、その「検認」を請求しなければなりません(注2)。

　(注1)　平成30年7月に民法の改正が行われ、自筆証書遺言の要件が緩和されまし

た。この改正により平成31年1月13日以後は、自筆証書と一体のものとして自筆ではない財産の目録を添付することが認められることになりました。ただし、その目録のページごとに署名・押印することが必要です。
(注2) 平成30年7月に「法務局における遺言書の保管等に関する法律」が成立し、平成32（2020）年7月10日以後は、この法律に基づいて法務局に保管されている自筆証書遺言書については、家庭裁判所による検認が不要となります。

また、封印のある遺言書は、家庭裁判所で相続人等の立会いの上開封しなければならないことになっています。

「検認」とは、相続人に対し遺言の存在及びその内容を知らせるとともに、遺言書の形状や加除訂正の状態、日付、署名など検認の日現在における遺言書の内容を明確にして遺言書の偽造・変造を防止するための手続をいい、遺言内容が有効であるか無効であるかを判断することではありません。

複数の異なる方式の遺言書が作成されていた場合、形式に則った自筆証書遺言であれば、公正証書遺言に劣後することはなく、原則として作成日付が後のものが有効になります。この場合、先の遺言に代わって有効となる部分は遺言内容が干渉する部分のみで、先に作成した遺言の効力がすべて無になるわけではありません。

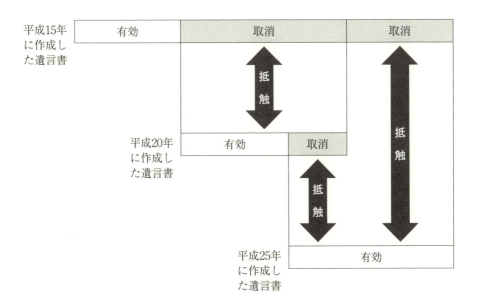

3　遺言書がない場合

Q 相続が発生したため遺産分割を行いますが、相続人のうちに認知症で判断能力がないと診断された者がいます。遺言書がないため分割協議を行うことになりますが、認知症の者を除外して分割を行うことに、問題があるでしょうか。

A

　相続人が認知症等であっても相続人としての権利は有していますので、その者を除外した遺産分割協議は無効となり認められません。家庭裁判所に成年後見人の選任申立てをし、選任された成年後見人が認知症の相続人の法定代理人として遺産分割協議をすることになります。

●●●●●●●●●●●●●●●● 解　説 ●●●●●●●●●●●●●●●●

　相続人の中に認知症などで判断能力を失った者がいる場合は、家庭裁判所に申立てをして、その相続人に代わって協議をする成年後見人等を選任する必要があります。成年後見人等は、親族でも就任することができますが、誰を選任するかは、最終的には裁判所が判断することになります。必ずしも申立ての際に指定した成年後見人候補者が選ばれるとは限りません。本人の財産が高額である、財産の状況が複雑である、親族の間で療養看護や財産管理の方針が食い違っているなどの場合には、弁護士、司法書士、社会福祉士等の第三者が成年後見人として選任されることもあります。

　相続発生前に成年後見人が推定相続人の中から選任されていた場合は、成年後見人としての立場と相続人としての立場が重なってしまい相続人間で利害が相反する関係になるため、成年後見人として遺産分割協議に加わることはできません。この場合は、成年後見人が家庭裁判所に「特別代理人」選任の申立てをして、成年被後見人の特別代理人の選任をします。そして、選任された特別代理人と遺産分割協議をすることにより、有効な遺産分割を成立させることができます[注]。

遺産分割協議をする場合、成年被後見人だけが不利益を被ることがないよう、配慮することが必要で、成年被後見人の権利を守るため、基本的には、法定相続分が成年被後見人の相続分となります。なお、遺産の内容や被相続人との関係、その土地の慣習、他の相続人の構成などから原則通りにすることが必ずしも妥当とは言えない場合には、事前に家庭裁判所に相談する必要があります。

(注) 後見監督人が選任されていれば、特別代理人の選任は不要です（民法860ただし書）。

〈法定後見手続の流れ〉

申立て
↓
審理
↓
法定後見の開始の審判・
成年後見人等の選任
↓
審判の確定
（法定後見の開始）

　本人の陳述聴取や成年後見人等の候補者の適格性の調査などに一定の時間がかかりますので、申立てを行ってから法定後見が開始されるまでは4か月ほどかかると考えておきましょう。

4　申告期限までに遺産分割が終了しない場合

Q 先日亡くなった父は、長男である私を農業後継者とし、財産のうち全部の農地を私に相続させる旨を記載した遺言書を作成していました。弟（遺留分権利者）から私に対して遺留分減殺の請求があり、相続税の申告期限までに解決しそうにありません。私は農地の全部について遺言の通り遺贈を受けるとして農地等についての相続税の納税猶予の規定の適用を受けることができるでしょうか。

A 原則として、遺贈は遺言者の死亡の時からその効力を生じ、その受遺者が取得することになりますので、特定遺贈の目的となった財産は未分割財産には該当しません。特定遺贈の目的となった農地等は、相続税の申告期限までに遺産分割が行われた農地等と同様、農地等に係る相続税の納税猶予の特例の適用を受けることが可能です。

●●●●●●●●●●●●●● 解　説 ●●●●●●●●●●●●●●

　農地等に係る相続税の納税猶予の特例では、相続又は遺贈により取得をした農地等（相続税の申告期限までに遺産分割されていないものを除く）が特例の適用対象となりますので、未分割の農地等は適用対象外です。遺贈は、遺言者の死亡の時からその効力を生じ、その受遺者が取得することになりますので、特定遺贈の目的となった財産は未分割財産ではありません。つまり、特定遺贈の目的となった農地等は、相続税の申告期限までに遺産分割が行われた農地等と同様に、農地等に係る相続税の納税猶予の特例の適用を受けることが可能な財産ということになります。

　相続税の申告期限においても、遺留分の減殺請求に基づき家庭裁判所において調停中という場合には、遺留分の減殺請求に基づき遺贈財産（農地等）の返還（又は弁償すべき価額）が調停等によって確定するまでは、遺留分の減殺請求がない

ものとして相続税の課税価格を計算し、申告するものとして取り扱われています（相基通11－2の4）ので、他の要件を満たす限り、遺贈の対象とされた農地の全部について本件納税猶予の特例の適用を受けることができることとなります。その後、調停の成立等により、遺留分の減殺請求に基づき返還すべき（又は弁償すべき）額が確定したときは、遺留分を返還した者は4か月以内に更正の請求を行い、返還を受けた者は期限後申告又は修正申告を行うことになります（相法30、31、32①）。

遺産分割をいつまでにしなくてはならないという決まりはありませんが、相続税の申告期限内（相続発生から10か月）に遺産分割が決まらなかった場合、相続税の計算上不利になることがあるので注意が必要です。申告期限内に遺産分割が決まらなかった場合、不利になる点は以下の通りです。

① 配偶者の税額軽減の特例の適用が受けられない。
② 小規模宅地の評価減の特例の適用が受けられない。
③ 物納することができない。
④ 農地の納税猶予の特例の適用が受けられない。

ただし、①、②の特例については、相続税の申告書に「申告期限後3年以内の分割見込書」を添付して提出しておき、相続税の申告期限から3年以内に分割された場合には、特例の適用を受けることができます。この場合、分割が行われた日の翌日から4か月以内に「更正の請求」を行い、納めすぎていた相続税の還付を受けることができます。なお、相続税の申告期限の翌日から3年を経過する日において相続等に関する訴えが提起されているなど一定のやむを得ない事情がある場合には、申告期限後3年を経過する日の翌日から2か月を経過する日までに、「遺産が未分割であることについてやむを得ない事由がある旨の承認申請書」を提出し、その申請につき所轄税務署長の承認を受けた場合には、判決の確定又は調停の成立の日など一定の日の翌日から4か月以内に分割されたときに、これらの特例の適用を受けることができます。適用を受ける場合は、分割が行われた日の翌日から4か月以内に「更正の請求」をすることができます（相法19の2②、

32)。

　また相続した財産を申告期限後3年以内に売却した場合、相続税の取得費加算の特例を受けることができますが、分割協議が長引いた場合、この特例の適用も受けられなくなります。

　したがって、申告期限内に遺産分割を決めてしまうのが一番です。しかし、分割協議が長引くなどやむを得ない場合は、遅くとも申告期限後3年以内には遺産分割を決めるのが相続税上有利といえます。

第1章　相続税・贈与税の基本

〈申告期限後3年以内の分割見込書〉

被相続人の氏名　＿＿＿＿＿＿＿＿＿＿＿＿＿

申告期限後3年以内の分割見込書

　相続税の申告書「第11表（相続税がかかる財産の明細書）」に記載されている財産のうち、まだ分割されていない財産については、申告書の提出期限後3年以内に分割する見込みです。
　なお、分割されていない理由及び分割の見込みの詳細は、次のとおりです。

1　分割されていない理由

　　　　　　　　　　　　　　　　　　　　　　　　　　　　
　　　　　　　　　　　　　　　　　　　　　　　　　　　　
　　　　　　　　　　　　　　　　　　　　　　　　　　　　
　　　　　　　　　　　　　　　　　　　　　　　　　　　　

2　分割の見込みの詳細

　　　　　　　　　　　　　　　　　　　　　　　　　　　　
　　　　　　　　　　　　　　　　　　　　　　　　　　　　
　　　　　　　　　　　　　　　　　　　　　　　　　　　　
　　　　　　　　　　　　　　　　　　　　　　　　　　　　

3　適用を受けようとする特例等

　(1)　配偶者に対する相続税額の軽減（相続税法第19条の2第1項）
　(2)　小規模宅地等についての相続税の課税価格の計算の特例
　　　（租税特別措置法第69条の4第1項）
　(3)　特定計画山林についての相続税の課税価格の計算の特例
　　　（租税特別措置法第69条の5第1項）
　(4)　特定事業用資産についての相続税の課税価格の計算の特例
　　　（所得税法等の一部を改正する法律（平成21年法律第13号）による
　　　改正前の租税特別措置法第69条の5第1項）

> **コラム** 贈与財産の移転の時期

贈与契約は、民法によると、「当事者の一方が自己の財産を無償で相手方に与える意思を表示し、相手方が受諾をすることによって、その効力を生ずる。」とあり、当事者間の合意だけで成立し、効力を生じることになります（民法549）。

また、書面によることは要求されていませんので贈与契約書を作成しない贈与契約も有効です。ただし、書面によらない贈与契約の場合は、その履行が終わっていない部分については、各当事者においていつでも取り消すことができます（民法550）。

相続税法は「贈与」の概念を民法から借用する形をとっているため、贈与契約の効果についても民法に準じて理解することを基本としていますが、贈与税の実務上は、外観性の観点から贈与の時期は次のように判定されることとなります。

(1) 贈与の時期の判定基準（原則）

贈与税の課税上、贈与財産の「贈与の時期」については、原則として、次により判定します（相基通1の3・1の4共－8、1の3・1の4共－9）。

　　イ　書面による贈与である場合　……　契約の効力の発生した時（停止条件付の贈与である場合　その条件が成就した時）

　　ロ　書面によらない贈与である場合　……　その履行の時

(2) 所有権移転登記又は登録の目的となる財産の贈与の時期の判定基準（特例）

上記(1)により判定しようとしても「贈与の時期」が明確にならないときは、特に反証のないかぎり、その登記又は登録があった時に贈与があったものとして、判定するものとして取り扱われています（相基通1の3・1の4共－11）。

(3) 農地等の贈与による財産取得の時期

農地若しくは採草放牧地の贈与の時期は、許可があった日又は届出の効力が生じた日後に贈与があったと認められる場合を除き、許可があった日又は当該届出の効力が生じた日によります。

第2章

都市近郊農地（生産緑地）の取扱い

Ⅰ 生産緑地制度

1 制度の概要

Q 首都圏の市街化区域内には、「生産緑地」という看板が掲げられた農地があります。生産緑地制度とはどのようなものでしょうか。

A 市街化区域内で一定の要件に該当する農地は、「生産緑地」の指定を受けることが可能です。生産緑地地区の指定を受けることにより、固定資産税の軽減等の特典を受けることが可能ですが、その反面、制限を受ける行為や管理に関する義務が生じます。

●●●●●●●●●●●●●● 解 説 ●●●●●●●●●●●●●●

生産緑地制度とは、市街化区域（既に市街地を形成している区域及びおおむね10年以内に優先的かつ計画的に市街化を図るべき区域）の農地が持つ緑地機能について公害や災害の防止といった観点からも積極的に評価し、農林漁業との調和を図ることで良好な都市環境の形成に資するための制度です。

市町村は、市街化区域内の農地で、次に該当する区域について都市計画に生産緑地地区を定めることができます（生産緑地法3、生産緑地法施行令3）。

・良好な生活環境の確保に相当の効果があり、かつ、公共施設等の敷地に供する用地として適しているもの
・500㎡以上の規模（又は300㎡以上で市区町村が条例で定める規模）の区域であること
・農林漁業の継続が可能な条件を備えているもの

生産緑地法により転用規制がされているため、固定資産税評価及び課税については、一般農地と同様に扱われ、市街化区域であっても宅地と比較して著しく低

い税額が課されることになります。

　そのため、生産緑地の指定を受けた場合、当該生産緑地の使用者又は収益権者は、当該生産緑地を農地等として管理しなければならないとされています（生産緑地法7）。また、建築物の建築や造成工事等は、市町村長の許可が必要であり、市町村長は当該生産緑地において農林漁業を営むために必要となる施設、及び農林漁業の安定的な継続に資するものとされる基準に適合する施設で、良好な生活環境の確保を図る上で支障がないと認められるものの設置等に限り許可できるとされています（生産緑地法8）。自己の所有地であっても自由な売買は行えず、一定の事由が生じた場合にのみ市町村長に買取りを申し出ることができることになります（生産緑地法10）。買取り申出の日から3月以内に生産緑地の所有権の移転（買取りあるいはあっせんによるもの）が行われなかったときは、行為の制限が解除され、売却が可能になります（生産緑地法14）。

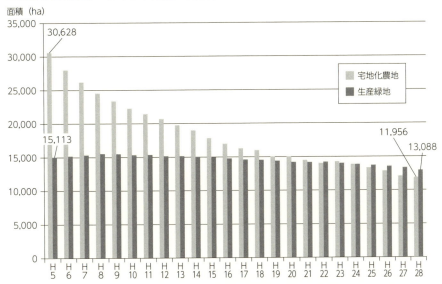

三大都市圏特定市における市街化区域内農地面積の推移

※三大都市圏の特定市とは、東京都の特別区、三大都市圏（首都圏、近畿圏、中部圏）にある政令指定都市及び市域の全部又は一部が三大都市圏の既成市街地、近郊整備地帯などに所在するものをいう

資料）宅地化農地：「固定資産の価格等の概要調書」（総務省）［毎年1月1日の値］
　　　生産緑地：「都市計画年報」（都市局）［毎年3月31日の値］

〈出典：国土交通省土地総合情報ライブラリー〉

2 都市計画と生産緑地との関係

Q 私は市街化区域内に200㎡の農地を所有していますが、その所在する市の条例で生産緑地地区指定の要件は面積が300㎡以上であることとされています。他に100㎡余の農地を2か所所有していますが、上記の農地には隣接していません。これらの農地を合わせて生産緑地地区指定の申請を行うことは可能でしょうか。

A

生産緑地指定の要件は、平成29年の法改正によって緩和され、従来の500㎡以上の規模要件は市区町村条例によって300㎡以上の規模に引き下げることが可能となり、一団の農地等の区域についても運用改善により、物理的一体性がない場合であっても一定面積以上の複数の農地等が同一又は隣接する街区内にある場合には、一団の農地等として指定の対象にできることになりました。また、一団であれば、他の人の農地と合わせた300㎡であっても、申請を行うことが可能です。

●●●●●●●●●●●●●●● 解 説 ●●●●●●●●●●●●●●●

生産緑地法は平成4年1月1日から施行されていますが、近年、相続などに伴う買取り申出による指定解除が増加しているため、総地区数、総面積共に減少傾向にあります。農業振興や防災面などからも、既成市街地における市街化区域内農地を生産緑地地区に指定していくことをまちづくりの重要な課題のひとつと捉え、生産緑地地区の追加指定の申請を受け付ける市町村があります。追加指定の申請要件については、市町村が独自に定めている場合があります。例えば、「公道に接していること」（さいたま市）、「250メートル以内に1,000平方メートル以上の街区公園がなく、それに準ずる緑地効果が期待できる農地であること」（選択要件：相模原市）などです。また、追加指定を行わない農地を規定している場合があります。大阪府の茨木市では、「商業系用途地域及び容積率300％以上を指定している区域内の農地等」が、指定不可とされています。

生産緑地地区を指定する都市計画の決定は、原則として年一回のため、実際に申請を行う場合には、申請期限等を含めて事前に所管する機関に相談するなどして確認を行う必要があります。

3 生産緑地に対する制限及び義務

Q 生産緑地地区の指定を受けた農地が、断りなく第三者に資材置き場として使用され、そのまま資材を放置されてしまいました。農業委員会から原状回復の指導がありましたが、私に過失がない場合でもその指導に従う義務があるのでしょうか。

A

生産緑地法においては、生産緑地の管理や生産緑地に対する行為の制限が定められ、行為の制限に反した場合には市町村長から原状回復が命じられることになっています。ただし、過失がなく命ずべき者を確定できない場合には、市町村長が代替して原状回復を行うことができるとされています。

●●●●●●●●●●●●●● 解 説 ●●●●●●●●●●●●●●

生産緑地地区は、農地として固定資産税が低く課税されていることや、贈与税及び相続税の納税猶予の対象となることなどとの引替えに、農地としての維持管理が求められます。

生産緑地法においては、生産緑地であることを示す標識の設置、生産緑地の管理や生産緑地に対する行為の制限が定められています。

(1) 標識の設置

市町村は、生産緑地地区に関する都市計画が定められたときは、その地区内における標識の設置その他の適切な方法で、その地区が生産緑地地区である旨を明示しなければならないとされており、生産緑地の所有者又は占有者は、正当な理由がない限り、標識の設置を拒んだり、妨げたりしてはなりません（生産緑地法6）。

(2) 管 理

生産緑地を使用する者又は収益を得る権利を有する者は、生産緑地を「農地等」

として管理しなければなりませんが、「農地等」として管理するとは、どのような管理方法なのでしょうか。生産緑地法第2条における「農地等」は「現に農業の用に供されている農地若しくは採草放牧地、現に林業の用に供されている森林又は現に漁業の用に供されている池沼（これらに隣接し、かつ、これらと一体となつて農林漁業の用に供されている農業用道路その他の土地を含む。）をいう。」とされており、現状として農林水産業に供されている状態であることが求められています（生産緑地法7）。

(3) 行為の制限

生産緑地地区内では、次に掲げる行為は原則として市町村長の許可を受けなければ行えません（公共施設等の設置若しくは管理に係る行為、当該生産緑地地区に関する都市計画が定められた際既に着手していた行為又は非常災害のため必要な応急措置として行う行為については、この限りではありません。）（生産緑地法8）。

　一　建築物その他の工作物の新築、改築又は増築
　二　宅地の造成、土石の採取その他の土地の形質の変更
　三　水面の埋立て又は干拓

生産緑地地区内において非常災害のため必要な応急措置として上記の行為をした場合でも、その行為をした者はその日から起算して14日以内に、市町村長にその旨を届け出る必要があります。

許可なく建築したり、許可条件に違反した場合には、市町村長がその原状回復を命じたり、原状回復が著しく困難である場合には必要な代替措置を採ることを命じることができます（生産緑地法9①）。それに従わない場合には、1年以下の懲役又は50万円以下の罰金が科せられます（生産緑地法18）。また、この原状回復命令を行う場合に、過失がなくて原状回復等を命ずべき者を確定することができないときは、市町村長は自ら原状回復を行うことができるとされています（生産緑地法9②）。

4 買取り申出

Q 農業の主たる従事者である父が高齢となり農業を続けることが難しい状況です。また、生計を一にしている家族の中に農業に従事する者がいないため、市町村長に対して生産緑地の買取りを申し出ることを考えています。申し出た場合は必ず買い取ってもらえるのでしょうか。

A

生産緑地の買取りを申し出ることができるのは、①生産緑地の指定後30年を経過した場合（生産緑地の指定告示日から起算する）、あるいは②農林漁業の主たる従事者が死亡若しくは農林漁業に従事できないような故障の状態になった場合です。

原則として申出があった場合、市町村長は時価で買い取ることとされています。

●●●●●●●●●●●●●●●● 解 説 ●●●●●●●●●●●●●●●●

生産緑地は、生産緑地地区に関する都市計画の告示日から起算して30年を経過した場合、又は農林漁業の主たる従事者が死亡し、若しくは従事することを不可能にさせる故障に至った場合に、市町村長に対し買取りの申出を行うことが可能とされています（生産緑地法10）。農林漁業に従事することを不可能にさせる故障については、生産緑地法施行規則第5条において次のように定められています。

(1) 次に掲げる障害により農林漁業に従事することができなくなる故障として市町村長が認定したもの
　① 両眼の失明
　② 精神の著しい障害
　③ 神経系統の機能の著しい障害
　④ 胸腹部臓器の機能の著しい障害
　⑤ 上肢若しくは下肢の全部若しくは一部の喪失又はその機能の著しい障害
　⑥ 両手の手指若しくは両足の足指の全部若しくは一部の喪失又はその機能

の著しい障害
　⑦　①から⑥までに掲げる障害に準ずる障害
(2)　1年以上の期間を要する入院その他の事由により農林漁業に従事することができなくなる故障として市町村長が認定したもの

(2)の「その他の事由」は、例えば川崎市では養護老人ホームや特別養護老人ホームへの入所、著しい高齢と健康状態の悪化により営農が続けられなくなった場合等が該当するとされています。

生産緑地地区の買取り申出の流れは、概ね次の通りです。

生産緑地地区の買取申出の流れ（さいたま市の事例）

1．土地所有者からの相談

2．（主たる農業従事者の故障が理由の場合）故障者との面談、市による故障認定

3．買取申出者が必要な書類を揃え、市に買取申出を提出

4．買取申出日から1ヶ月以内に市で買い取るか否かを買取申出者あてに回答

5．（市が買い取らない場合）農業委員会にて2ヶ月間のあっせん

6．（あっせんが不調の場合）買取申出をしてから3ヶ月後
　　（市1ヶ月、農業委員会2ヶ月間）；生産緑地の行為制限解除

〈出典：さいたま市ホームページ〉

生産緑地法第15条において、第10条の規定による申出ができない場合でも、疾病等により農林漁業に従事することが困難である等の特別の事情があるときは、市町村長に対し、生産緑地の買取り希望の申出を行うことができるとされています。「特別の事情」とは、周辺環境の変化によって日照条件が悪くなり営農継続が困難になった場合や、疾病等による営農意欲の減退などが考えられます。買取り希望の申出に対する市町村長の対応としては、自らの買取り又は地方公共団体等へのあっせん行為が努力義務とされています。なお、第15条の規定による買取り希望の申出に対して買取りが行われなかった場合には、行為制限は解除されないことになります。

5　市民農園への農地貸付け

Q 私は首都近郊に生産緑地の指定を受けた広い農地を持っていますが、その全部で農業を続けることは年々困難に感じています。そこで、その一部を市民農園として貸付けたいと考えています。ただ、そうした場合、その農地が必要になったときに返してもらえなくなると聞いたことがありますが、本当でしょうか。

A

平成30年6月に成立した「都市農地の貸借の円滑化に関する法律」(以下「貸借円滑化法」)により、生産緑地の貸付けのうち一定の要件を満たすものについては、農地法の自動契約更新の規定の適用を受けないことになりました。したがって、この法律に基づく貸付けがされた農地は、賃貸借契約期間の満了により当然に返還を受けることができます。

● ● ● ● ● ● ● ● ● ● ● ● ● 解　説 ● ● ● ● ● ● ● ● ● ● ● ● ●

　農地の貸借等に関する権利関係については、農地法の規制を受けることになっていますが、農地法は基本的には農業経営者・耕作者による権利の取得と利用を促進する立場であることから、農地の譲渡や賃借権等の設定を行う場合には農業委員会の許可を必要とする(農地法3)、また、賃貸借期間満了までに賃貸人が賃借人に対し更新しない旨を伝えない場合自動的に同一条件で契約が更新となり(農地法17)、賃貸借の解除や更新しない旨の通知を行うには都道府県知事の許可を必要とする(農地法18)など、さまざまな規制が設けられています。

　こうした規制がされることから、農地の所有者がその貸付けを行うことは制度上可能ではあっても実際には容易ではなく、農地所有者以外で意欲のある営農希望者等が農地を借りようとしても、貸し手がなかなか現れないというのが実情でした。

　平成30年6月に成立(9月施行)した貸借円滑化法は、農業従事者の高齢化と

後継者難が進むなか、貸借という選択肢を提供して、営農意欲の高い者や新規就農希望者等を都市農地耕作の新たな担い手とすることで、生産緑地を農地として維持・活用していくことを目的として制定されたものです。

なお、ここで「都市農地」とは生産緑地区域内の農地をいいます。

貸借円滑化法では、借り手自ら耕作の事業の用に供するための農地の貸借の仕組みとして(1)認定都市農地貸付け、また、市民農園の開設に必要な農地の貸借等の仕組みとして(2)特定都市農地貸付け、という２つの制度を新設し、これらの制度については、特例として上記の農地法第３条及び第17条の規定を適用しないこととされています。それぞれの制度の内容は下記の通りです。

(1) **認定都市農地貸付け**

貸借円滑化法に規定する認定事業計画に基づいて行われる貸付けをいいます。

具体的には、生産緑地所有者が、市町村長の認定を受けた事業計画に基づき、他の農業者に直接農地を貸し付ける場合がこれに該当します。

(2) **特定都市農地貸付け**

貸借円滑化法第11条において準用する特定農地貸付法の規定による承認を受けた地方公共団体及び農業協同組合以外の者が、貸借円滑化法第10条に規定する特定都市農地貸付けの用に供するために生産緑地所有者との間で締結する賃借権又は使用貸借による権利の設定に関する契約に基づく貸付けをいいます。

具体的には、地方公共団体や農業協同組合以外の者（会社など）で農地を所有していない者が農業委員会の承認を受けて開設する市民農園の用に供するために、開設者に農地を貸し付ける場合がこれに該当します。

【特定都市農地貸付けのしくみ】

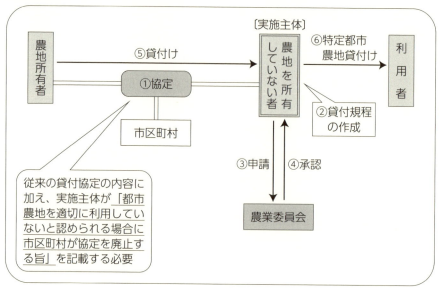

（農林水産省HP「都市農地の貸借の円滑化に関する法律の概要」より）

● **注意点**

　上記の貸付けがされた生産緑地においては、農地の所有者ではなく借り手が「農林漁業の主たる従事者」となるところから、仮に貸付け期間中にその所有者が死亡した場合でも、生産緑地の買取り申出の事由に該当しないと解されています。そのため、相続税の納税等のためにその農地の売却等を行う必要が生じても、その処分ができなくなるという懸念があがっており、今後の制度運営がどのようになされるか注意が必要です。

6 生産緑地法の改正内容とその背景

Q 私は市街化区域内に農地を所有しており、生産緑地の指定を受けることを検討しています。ところで、最近生産緑地法の改正があったそうですが、どのような内容の改正が行われたのですか。また、それにはどういった背景等があったのでしょうか。

A

　平成29年に行われた生産緑地法の改正では、生産緑地の指定要件と行為制限の緩和が行われるとともに、制度の延長を目的として特定生産緑地制度が創設されました。
　こうした改正がなされたのは、都市農業振興政策の転換を受けて、都市農業が農産物の供給以外に防災や良好な環境の確保等の多様な機能を発揮していくことを目的として、都市農地の計画的な保全と活用を図るためです。

解　説

　平成5年から平成28年の間に市街化区域内の農地面積は約1／2に減少しているのに対して、同期間の生産緑地地区では、1割強の減少にとどまっています。また、都市への人口流入や宅地開発の勢いは沈静化の傾向を見せています。
　その一方で、都市農地の果たすべき農産物の供給、災害時の防災空間、良好な環境や景観の保全、及び農業体験・交流活動の場といった多様な役割への評価が高まってきていました。
　こうした情勢の変化を受けて、都市農地の位置付けは、従来の「宅地化すべきもの」から「あるべきもの（保全すべきもの）」へと政策転換が図られることとなりました。
　これを背景に、平成27年に都市農業振興基本法が制定されました。同法は、都市農業の安定的な継続を図るとともに、多様な機能の適切かつ十分な発揮を通じて良好な都市環境の形成に資することを目的としています。

同法では、都市農業の振興に関する基本理念として、都市農業の多様な機能の発揮と都市農地の適正な活用及び保全が図られるべきこと、農業との共存により良好な市街地形成が図られるべきことなどが明らかにされるとともに、政府に対し、必要な制度上の措置を講じるよう求めています。また、政府による総合的・計画的な施策の推進を目的とする、都市農業振興基本計画の策定が義務付けられました。

　平成29年の生産緑地法改正は、このような法制上の措置の一環として行われたものです。その主な改正点は次の３点です。

① 　生産緑地地区の指定面積要件を、従来の500㎡以上から、市区町村の条例により300㎡以上へと引き下げることが可能となりました。この改正がなされた理由は、従来は指定の対象とならなかった小規模な農地でも、所有者の営農意思によっては生産緑地指定で緑地機能の発揮が期待できるため、及び買取り申出等により生産緑地地区の一部の指定の解除があった場合に、残された面積が規模要件を下回ることでその生産緑地指定が解除されてしまう、いわゆる「道連れ解除」を抑止する必要があるためです。

② 　生産緑地地区内の行為制限を緩和して、従来は農林水産業を営むために必要となる施設等のみに限られていた建築可能な施設等が、農業者の収益性を高める農産物の加工・販売、農家レストラン等の設備の設置も認められることになりました。

③ 　生産緑地の指定から30年経過後に認められている買取り申出の時期を延期するために、特定生産緑地の制度が創設されました（特定生産緑地については**7**を参照してください。）。

　①と②は生産緑地の拡充を図るため、③は生産緑地制度の延長を図るための改正です。

7 特定生産緑地とはどのような制度か

Q 私は首都近郊に生産緑地の指定を受けた農地を所有していますが、「特定生産緑地」という制度が新しく作られたと聞いています。この制度は今までの生産緑地と何が違うのですか。また、これができたことで今までの生産緑地は廃止されることになるのですか。

A

「特定生産緑地」は、従来の生産緑地が一斉に買取り申出の時期を迎えることへの対応策として、その申出時期の延期を図るために設けられた制度です。特定生産緑地の指定を受けた場合でも、生産緑地に係る営農義務や行為制限に変更はなく、この制度の創設によって従来の生産緑地制度は廃止されるものではありません。

● ● ● ● ● ● ● ● ● ● ● ● ● 解　説 ● ● ● ● ● ● ● ● ● ● ● ● ●

　従来の生産緑地は、その指定から30年経過後に買取り申出が可能となり、買取りが行われない場合には生産緑地の指定が解除されることになっています。地方自治体の財政事情などから、申出が行われても買取りがなされた実績はほとんどなく、今後も生産緑地の指定解除がなされることが多くなると考えられます。

　現存の生産緑地の約8割が平成4年の生産緑地法改正時に指定を受けたものであり、それから30年が経過する平成34（2022）年に一斉に買取りの申出が行われ生産緑地の指定が解除されれば、大量の宅地の市場投入による不動産市場の混乱や、急激な開発による環境悪化等、さまざまな問題が生じると懸念されており、これがいわゆる「2022年問題」といわれるものです。

　平成29年の生産緑地法改正によって創設された特定生産緑地は、こうした急激な変化を抑止し、良好な環境や景観を保全することを目的として、継続的に都市農地としての機能を発揮することが望ましい生産緑地について、その所有者等の同意を前提に、買取り申出の始期の延長を可能にするために設けられたものです。

市町村長が特定生産緑地の指定を行うことで、買取り申出が可能となる時期は生産緑地の指定から30年経過の日（申出基準日）から10年延期でき、10年の経過後は改めて所有者の同意を得て、さらに繰り返して10年延期できることになりました。

　つまり、生産緑地は申出基準日までに市町村長から指定を受けることで、特定生産緑地となりますが、特定生産緑地の指定を受けない生産緑地は30年経過後いつでも買取りの申出ができるものとなり、申出を行っても買取りが行われない場合には生産緑地の指定が解除されることになります。しかし、特定生産緑地の指定を受けない場合でも、指定の解除があるまでは従来の生産緑地であり続けることになります。

　特定生産緑地制度は、以上で説明した通り、生産緑地の買取り申出時期の延期を可能とするために創設されたものであり、その他の営農義務や生産緑地地区内での行為制限などは、特定生産緑地の指定を受けても変更はありません。

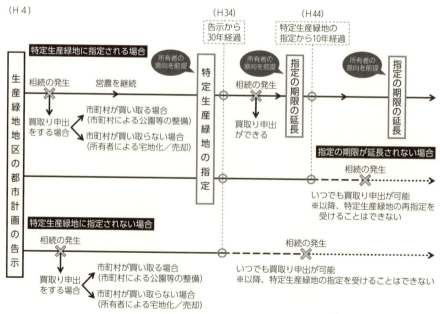

（国土交通省　都市局　資料「生産緑地法等の改正について」より）

第2章　都市近郊農地（生産緑地）の取扱い

8　生産緑地法の改正に伴う所要の措置

Q 現在私は、生産緑地の指定を受けた市街化区域内の農地に対して、固定資産税の農地課税の特例、及び相続税の納税猶予の特例の適用を受けていますが、生産緑地法の改正に伴って、これらの特例制度にも変更があるのでしょうか。

A

平成29年の生産緑地法の改正に伴い、関連する法制度についても所要の措置が取られることになりました。主なものとしては、①相続税・贈与税の納税猶予等の特例を特定生産緑地にも適用するための租税特別措置法の改正、②固定資産税等の農地課税の特例を特定生産緑地にも適用するための地方税法の改正、及び③生産緑地を貸借する場合に農地法の特例を定める「都市農地の貸借の円滑化に関する法律」（以下「貸借円滑化法」）の制定があります。

また、①、②に関しては、改正前の特例適用を受けている者に対して所要の経過措置が設けられています。

●●●●●●●●●●●●●●●●●●●　解　説　●●●●●●●●●●●●●●●●●●●

平成29年の生産緑地法改正は、都市農地に係る政策転換を受けたものであり、また特定生産緑地という新制度の創設も行われたため、関連する法制度について多面的な措置が必要となりました。これにより改正・制定がされた主なものは下記の通りです。

(1)　**租税特別措置法の改正**

農地に係る相続税・贈与税の納税猶予・免除の特例を特定生産緑地に適用するための租税特別措置法の改正がなされましたが、一方で申出基準日までに特定生産緑地の指定がされなかった生産緑地等は、現に適用を受けている納税猶予に限り、その猶予が継続されますが、次の相続・贈与の際には、納税猶予等の対象か

ら除かれることになりました。

また、貸付けがされた生産緑地についても、一定の要件の下で、相続税の納税猶予が適用されることとなりました（生産緑地に対する納税猶予等の詳細は**9**を参照してください。）。

(2) 地方税法の改正

特定生産緑地に指定された生産緑地に対しても、従来の生産緑地地区内の農地と同様に固定資産税及び都市計画税の農地評価・農地課税を適用するための地方税法の改正が行われました。

その一方で、申出基準日までに特定生産緑地の指定がされなかった生産緑地等は、宅地並評価の対象となる市街化区域農地とされることとなりました。ただし、激変緩和措置として、新たに市街化区域農地とされた農地等の課税標準額を毎年20％ずつ引き上げていき、5年間で宅地並評価とする措置が設けられています（固定資産税の特例についての詳細は第2章Ⅱ1を参照してください。）。

(3) 貸借円滑化法の制定

生産緑地のうち一定の要件を満たす貸付けがされたものに対して、農地法の特例を定め、農地の賃借権等の設定を行う際に農業委員会の承認を義務付ける農地法第3条、及び賃貸借契約の法定自動更新を定める同法第17条の規定が適用されないこととなりました。

この法律によって、生産緑地の所有者のうち自ら営農を続けることが難しいものに対して、認定都市農地貸付け（農地所有者以外で営農を希望する者に対する農地の貸付け）、及び特定都市農地貸付け（市民農園を開設するための農地の貸付け）という選択肢を提供して、都市農地耕作の新たな担い手を確保することで、生産緑地の農地としての維持活用が図れるようになりました（貸借円滑化法についての詳細は第2章Ⅰ5を参照してください。）。

9　農地に係る相続税等の納税猶予と特定生産緑地

Q 私は生産緑地の指定を受けた農地を所有しており、その指定からまもなく30年が経過するため、特定生産緑地の指定を受けようと考えています。その場合には、現在適用を受けている相続税の納税猶予の特例は引き続き適用されるのでしょうか。

A

特定生産緑地の指定を受けた農地に対しても、平成30年度の租税特別措置法改正により、贈与税及び相続税の納税猶予・免除の特例が適用できることになりました。他方、特定生産緑地の指定を受けない生産緑地等については、現に適用を受けている納税猶予に限り、その猶予が継続されますが、次の相続・贈与の際には、相続税等の納税猶予・免除は受けられないこととなりました。

●●●●●●●●●●●●●●●　解　説　●●●●●●●●●●●●●●●

　平成30年度税制改正により租税特別措置法が改正されて、平成30年4月1日以後より贈与税及び相続税の納税猶予等の特例の対象となる特例農地等の範囲に特定生産緑地が含められることになりました。これにより、特定生産緑地の指定を受けた生産緑地に対しても、従前どおりの納税猶予が継続して適用されます。

　その反面、生産緑地のうち申出期準日までに特定生産緑地の指定を受けなかったもの、及び特定生産緑地の指定から10年を経過する日までに指定の延長がされなかったものは、特例農地等から除かれることになりました。これによって、こうした生産緑地は贈与税及び相続税の納税猶予等の特例の適用ができなくなります。

　ただし、経過措置の適用により、現在適用を受けている相続税等の納税猶予は従来通り継続されますが、今後新たに発生する相続等においては、特定生産緑地の指定を受けなかった生産緑地等には納税猶予が適用されません。

　また、**8**の(3)で説明した通り、生産緑地について他の農業者向け又は市民農園

向けに貸し付ける仕組みが創設されましたが、これに伴いこれらの貸付けがされた生産緑地に対しても贈与税・相続税の納税猶予等が適用できることとなりました。

　しかし、これと同時に、従来は20年の営農を条件として猶予税額の免除がされていた三大都市圏の特定市以外の生産緑地については、平成30年９月１日以後に相続等によって取得するものから、終身営農を免除の条件とする改正が行われました。つまり、都市農地の貸付けの特例が設けられたことで長期の営農が容易となったことを受けて、営農継続期間の要件が厳しく変更されたといえます（農地に係る相続税等の納税猶予、及び貸付けがされた農地の納税猶予の詳細については第２章Ⅲ１、２を参照してください。）。

10　改正生産緑地法への対応方法

Q 私は首都近郊に生産緑地を所有して、相続税の納税猶予の特例適用を受けていますが、生産緑地指定から30年が近づいているので、特定生産緑地の指定を受けるべきか迷っています。現在の私にはどのような対応方法が考えられますか。また、それぞれの方法について注意すべき点にはどんなことがありますか。

A 申出基準日が近づいている生産緑地の所有者にとって、生産緑地法改正後における対応方法として３つの選択肢が考えられます。買取り申出を行う、特定生産緑地の指定を受ける、又は特定生産緑地の指定を受けずにいつでも買取り申出が可能な生産緑地の状態を維持するという３つの方法がそれです。各方法によって営農義務や行為制限、固定資産税や相続税等の優遇措置等は異なるものになります。自身や後継者等の営農に関する意欲や能力、各対応方法を選択した場合の収益面や税務面での得失を総合的に検討して、どの方法を選択するかを決定することが重要です。

●●●●●●●●●●●●●　解　説　●●●●●●●●●●●●●

　生産緑地法の改正により特定生産緑地制度が創設されたことに伴い、申出基準日が近づいている生産緑地の所有者にとって考えられる対応方法は、従来の、買取り申出を行う又は生産緑地として営農を継続する、という２つの方法から、次の３つの方法に変更されました。

① 　生産緑地の買取り申出を行い、指定の解除を受けて農地の売却・開発を行う。
② 　特定生産緑地の指定を受けて、営農を継続する。
③ 　特定生産緑地の指定を受けず、いつでも買取り申出可能な生産緑地として維持する。

　上記３つの方法を選択した場合の生産緑地法の行為制限等の規制、及び固定資

産税・相続税等の優遇措置適用の有無は次の通りです。

対応方法	生産緑地法の規制	固定資産税の課税	相続税等の納税猶予
①買取り申出を行う	なし	宅地並み課税	適用なし
②特定生産緑地の指定を受ける	あり	農地課税	適用あり
③現状の生産緑地を維持する	あり（指定解除後はなし）	宅地並み課税（激変緩和措置あり）	適用なし（経過措置の適用あり）

　①の買取り申出を行えば、固定資産税・相続税等の優遇措置が終了して税負担が増加することになりますが、それを負担するのに十分な収入を、必要とする時期に、売却又は開発・事業化によって得られるのか、確実な見通しに基づいて検討し、計画・実行する必要があります。

　②の対応を選択した場合は、固定資産税や相続税の優遇措置は引き続き適用されますが、以後10年間は相続の発生又は営農を困難とする故障等が生じた場合を除き、買取り申出を行うことはできず、営農継続が義務付けられます。その営農が可能かどうか、慎重に検討し判断することが必要です。ただし、自身や家族による営農が困難でも、貸借円滑化法等に基づく農地の貸付けを行うことで、継続して相続税・固定資産税等の優遇措置を受けることは可能です。

　また、③の対応を選択した場合には、現在適用を受けている相続税等の納税猶予はそのまま継続されますが、次代への相続においては納税猶予が適用できず、また固定資産税は、激変緩和措置が設けられてはいますが、5年後には宅地並み課税となります。それにもかかわらず買取り申出を行わない限りは生産緑地法の規制を受けるという点、及び申出基準日経過後は特定生産緑地の指定を受けることはできないという点に注意が必要です。

　いずれにしても、漫然と申出基準日を迎えることは望ましくありません。きちんとした将来の見通しや計画に基づいて対応方法を選ぶことが必要です。

11　三大都市圏の特定市以外の生産緑地の今後

Q 私は首都圏の特定市以外の市街化区域に、生産緑地の指定を受けた農地を所有し、その農地について相続税の納税猶予の特例（旧法）の適用を受けています。今回の生産緑地法や税制の改正を受けて、この生産緑地を今後どのように維持、活用していけば良いのでしょうか。

A

　平成30年度税制改正によって、三大都市圏の特定市以外の生産緑地については、新たに納税猶予の適用を受ける場合に、相続税等の納税猶予額が免除される条件が、これまでの20年間の営農から、終身営農へと変更されました。これは、一定の要件を満たす貸付けがされた生産緑地に対しても納税猶予の継続が認められ長期営農が容易となったことに対応した改正です。今後は、この地域で既に納税猶予の適用を受けている生産緑地について、20年の自家営農が可能か、あるいは貸付けを行って終身営農を続けるべきか、慎重に検討したうえで、維持、活用方法を決定することが必要になります。

●●●●●●●●●●●●●●●●　解　説　●●●●●●●●●●●●●●●●

　三大都市圏の特定市以外の生産緑地に係る相続税等の納税猶予額が免除される条件は、従来は20年間の営農継続とされていましたが、今回の生産緑地法改正を受けた租税特別措置法の改正によって、今後は終身営農の場合に限られることとなりました。これは、生産緑地に対して認定都市農地貸付け及び農園用地貸付けが納税猶予を継続する要件として認められたことに伴い、長期の営農要件を満たすことが従来よりも容易になったことに対応した改正です。

　ただし、これは平成30年９月１日以後に相続等により生産緑地を取得した者に対して適用になり、同日より前に納税猶予の適用を受けていた生産緑地については、改正前の特例が適用され、20年間の営農継続で納税猶予額の免除がされますが、農地の貸付けは納税猶予の打切り理由となります。

また、改正前の特例適用を受けている者（旧法猶予適用者）は、選択により改正後の特例の適用を受け、認定都市農地貸付け又は農園用地貸付けを行うことで営農を続け、納税猶予を継続することも認められます。ただし、その場合には終身営農が猶予税額免除の条件になります。

　こうした改正点を踏まえて、今後の終身営農が可能かどうかを、自身と家族による営農以外に認定都市農地貸付け等の可能性も含めて検討していく必要があります。

　特に、旧法猶予適用者の場合は、①改正前の納税猶予の特例適用を継続するか、②改正後の納税猶予の特例適用を受けるか、２つの選択肢があります。通常の場合は、自家による農業経営を今後も20年の期間満了まで継続することが可能であれば①を選択して猶予期間満了による免除を受け、それが困難であれば②を選択して認定都市農地貸付け等を行うことで終身営農を続けていくことになるものと思われます。

Ⅱ 税制上の特例（固定資産税）

1 指定解除後の課税関係

Q 主たる従事者等が疾病により農業を継続することが困難になり、生産緑地の買取りの申出を行う予定です。生産緑地地区の指定が解除になった場合は、軽減されていた固定資産税を過去に遡って宅地並みに支払うことになるのでしょうか。

A 固定資産税の課税上、三大都市圏の特定市の市街化区域に存する土地であっても、生産緑地地区内の農地は農地として評価を行い農地として課税されます。生産緑地の解除を受けた場合に、遡って宅地課税されることはありません。

● ● ● ● ● ● ● ● ● ● ● ● 解　説 ● ● ● ● ● ● ● ● ● ● ● ●

農地に対する固定資産税は、その農地が市街化区域、生産緑地地区、三大都市圏の特定市に存するか否かで、「一般農地」、「生産緑地地区内の農地」、「一般市街化区域農地」、「特定市街化区域農地」と区分され、それぞれの評価方法と課税方法が異なっています。一般農地と生産緑地地区内の農地[注1]は、農地評価及び農地課税となり、税額は低く抑えられています。

	一般農地	農地評価	農地課税
市街化区域農地	生産緑地地区内の農地[注1]	農地評価	農地課税
	一般市街化区域農地	宅地並評価[※]	農地に準じた課税
	三大都市圏の特定市の市街化区域農地（特定市街化区域農地）	宅地並評価[※]	宅地並課税

（※）現況農地利用の場合は宅地評価額の1／3

(1) 一般農地と生産緑地

　一般農地（転用許可を受けた農地は除きます。）と生産緑地 (注1) は、なだらかな負担調整によって課税標準額が定められますので、必然的に税負担が軽減されています。

> 次の①②のいずれか低い額が、課税標準額となります。
> 　① 当該年度の農地評価額（農地としての売買実例価額に基づく評価額）
> 　② 前年度の課税標準額×負担調整率 (注2)

(2) 一般市街化区域農地

　一般市街化区域農地は、宅地並みに評価を行い（近傍に類似した宅地の価格から造成費を控除します。）原則として評価額に１／３を乗じた額が課税標準額となりますが、前年度の課税標準額に一般農地の負担調整率を乗じた額が低い場合は、この金額を採用します。

> 次の①②のいずれか低い額が、課税標準額となります。
> 　① 当該年度の宅地並み評価額×１／３
> 　② 前年度の課税標準額（宅地並評価額）×負担調整率 (注2)

(3) 三大都市圏の特定市の市街化区域農地

原則は(2)と同様に宅地並みに評価を行い、評価額に1／3を乗じた金額が課税標準額となります。

次の①②のいずれか低い額が、課税標準額となります。
① 当該年度の宅地並み評価額×1／3 （×軽減率^(※)）
② 前年度の課税標準額（宅地並評価額）＋（当該年度の宅地並評価額×1／3×5％）
（※） 新たに特定市街化区域農地となったもの、又は生産緑地のうち申出基準日までに特定生産緑地の指定がされなかったもの等で課税適正化措置の対象となった場合には、次の軽減率を乗じます。

年度	初年度目	2年度目	3年度目	4年度目
率	0.2	0.4	0.6	0.8

また、②が①の2割未満となるときは、①×0.2の額が課税標準額となります。

（注1） 生産緑地のうち、申出基準日までに特定生産緑地の指定がされなかったものを除きます。
（注2） 負担調整率は、負担水準の区分に応じて求められる次の表の率をいいます。

負担水準	負担調整率
0.9以上	1.025
0.8以上0.9未満	1.05
0.7以上0.8未満	1.075
0.7未満	1.10

負担水準（一般農地）
＝前年度の課税標準額÷当該年度の評価額

負担水準（市街化区域）
＝前年度の課税標準額÷（当該年度の評価額×1／3）

Ⅲ 税制上の特例（相続税の納税猶予）

1 納税猶予の概要

Q 父が所有している農地のほとんどは、長男である私が受け継ぐ予定です。生産緑地を多く所有しているため、相続税がかなり高額になりそうなので納税猶予を検討しています。猶予された税額は、最終的に免除されるのでしょうか。特例の概要を教えてください。

A

　納税猶予の特例は、農業を営んでいた被相続人から、農業の用に供されていた農地等を相続等により取得した農業相続人が、その農地等において引き続き農業を営む場合には、一定の要件の下に相続税額の納税を猶予するというものです。この特例は、農業経営を継続するための猶予制度ですから、農業相続人が死亡した場合など、一定の事由に該当しない限り免除されません。

・・・・・・・・・・・・・ 解　説 ・・・・・・・・・・・・・

　農業を営んでいた被相続人又は特定貸付けを行っていた被相続人から相続人が一定の農地等を相続や遺贈によって取得し、農業を営む場合又は特定貸付けを行う場合には、一定の要件の下にその取得した農地等の価額のうち農業投資価格（農地等が恒久的に農業の用に供される土地として自由な取引がされるとした場合に通常成立すると認められる価格として国税局長が決定した価格（20万円〜90万円程度／10ａ））による価額を超える部分に対応する相続税額は、その取得した農地等について相続人が農業の継続又は特定貸付けを行っている限り、その納税が猶予されます（猶予される相続税額を「農地等納税猶予税額」といいます。）。
　この農地等納税猶予税額は、次のいずれかに該当することとなったときに免除されます。

なお、相続時精算課税に係る贈与によって取得した農地等については、この特例の適用を受けることはできません。

〈免除される場合〉

①	特例の適用を受けた相続人が死亡した場合
②	特例の適用を受けた相続人が特例農地等（この特例の適用を受ける農地等をいいます。）の全部を租税特別措置法第70条の4の規定に基づき農業の後継者に生前一括贈与した場合 特定貸付けを行っていない相続人に限ります。
③	特例の適用を受けた相続人が相続税の申告書の提出期限から農業を20年間継続した場合（三大都市圏の特定市以外の市街化区域内農地等（生産緑地を除く）に対応する農地等納税猶予税額の部分に限ります。） 特例農地等のうちに都市営農農地等を有しない相続人に限ります。

（注1）「都市営農農地等」とは、都市計画法第8条第1項第14号に掲げる生産緑地地区内にある農地又は採草放牧地及び同法第8条第1項第1号に掲げる田園住居地域内にある農地で、平成3年1月1日において首都圏、近畿圏及び中部圏の特定市（東京都の特別区を含みます。）の区域内に所在するものをいいます。ただし、生産緑地法第10条又は第15条第1項の規定による買取りの申出がされたもの並びに同法第10条第1項に規定する申出基準日までに特定生産緑地の指定がされなかったもの、同法第10条の3第2項に規定する指定期限日までに特定生産緑地の期限の延長がされなかったもの及び同法第10条の6第1項の規定による指定の解除がされたものを除きます。

（注2）「市街化区域内農地等」とは、都市計画法第7条第1項に規定する市街化区域内に所在する農地又は採草放牧地をいいます。

また、上記①から③までのいずれかに該当する前に、特例農地等について農業経営の廃止、譲渡、転用等の一定の事由が生じた場合には、農地等納税猶予税額の全部又は一部について納税の猶予が打ち切られ、その税額と利子税を納付しなければなりません。

(1) 被相続人の要件

被相続人が以下のいずれかに該当することが必要です。
　① 死亡の日まで農業を営んでいた人

② 農地等の生前一括贈与をした人（死亡の日まで受贈者が贈与税の納税猶予又は納期限の延長の特例の適用を受けていた場合に限られます。）
③ 死亡の日まで相続税の納税猶予の適用を受けていた農業相続人又は農地等の生前一括贈与の適用を受けていた受贈者で、障害、疾病などの事由により自己の農業の用に供することが困難な状態であるため賃借権等の設定による貸付けをし、税務署長に届出をした人
④ 死亡の日まで特定貸付け（農業経営基盤強化促進法の規定による一定の貸付け）を行っていた人

(2) **農業相続人の要件**
被相続人の相続人で、次のいずれかに該当することが必要です。
① 相続税の申告期限までに農業経営を開始し、その後も引き続き農業経営を行うと認められる人
② 農地等の生前一括贈与の特例の適用を受けた受贈者で、特例付加年金又は経営移譲年金の支給を受けるためその推定相続人の１人に対し農地等について使用貸借による権利を設定して、農業経営を移譲し、税務署長に届出をした人（贈与者の死亡の日後も引き続いてその推定相続人が農業経営を行うものに限ります。）
③ 農地等の生前一括贈与の特例の適用を受けた受贈者で、障害、疾病などの事由により自己の農業の用に供することが困難な状態であるため賃借権等の設定による貸付けをし、税務署長に届出をした人（贈与者の死亡後も引き続いて賃借権等の設定による貸付けを行うものに限ります。）
④ 相続税の申告期限までに特定貸付けを行った人（農地等の生前一括贈与の特例の適用を受けた受贈者である場合には、相続税の申告期限において特定貸付けを行っている人）

(3) **特例農地等の要件**
次のいずれかに該当するものであり、相続税の期限内申告書にこの特例の適用を受ける旨を記載します。①から③の農地等は、相続税の申告期限までに遺産分

割が行われたものに限ります。

① 被相続人が農業の用に供していた農地等
② 被相続人が特定貸付けを行っていた農地又は採草放牧地
③ 被相続人が営農困難時貸付けを行っていた農地等
④ 被相続人から生前一括贈与により取得した農地等で被相続人の死亡の時まで贈与税の納税猶予又は納期限の延長の特例の適用を受けていたもの
⑤ 相続や遺贈によって財産を取得した人が相続開始の年に被相続人から生前一括贈与を受けていたもの

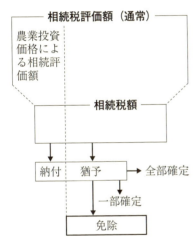

（注）
『全部確定』
・特例農地等の合計面積が20％超の譲渡、転用等（収用交換等による譲渡は除く）
・農業経営の廃止（やむを得ない事情の農地の貸付けは除く）など

『一部確定』
・特例農地等の合計面積が20％以下の譲渡、転用
・特例農地等の収用交換による譲渡
・農業経営基盤強化促進法に基づく譲渡など

『免除』
・農業相続人の死亡
・贈与税納税猶予の特例の適用を受ける生前一括贈与
・三大都市圏の特定市以外の市街化区域内の対象農地（生産緑地を除く）については、20年間農業経営を継続（特例農地等に都市営農農地等がない場合）

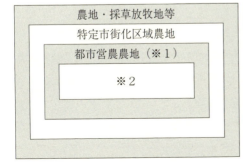

　　■……納税猶予の対象となる農地
　　□……納税猶予の対象とならない農地

※1　三大都市圏の特定市に所在する生産緑地及び田園住居地域内の農地
※2　生産緑地法により買取りの申出がされた農地、及び同法の申出基準日までに特定生産緑地の指定がされなかった農地等

2　納税猶予終了とならない農地の貸付け

Q 私は現在、首都圏内に生産緑地を所有して、農地に係る相続税の納税猶予の適用を受けていますが、自身の年齢や農業後継者がいないこともあり、この農地を他の農家に貸し付けることを検討しています。その場合、納税猶予を継続することは認められないのでしょうか。

A

納税猶予の適用を受けている生産緑地の全部又は一部について貸付けを行った場合に、この貸付けが「認定都市農地貸付け」又は「農園用地貸付け」としての要件を満たしていれば、一定期間内に所定の届出書を所轄税務署長に提出することで、納税猶予を継続することが認められます。

● ● ● ● ● ● ● ● ● ● ● ● ● ● **解　説** ● ● ● ● ● ● ● ● ● ● ● ● ● ●

農地に係る納税猶予制度は、相続した農地を自ら耕作することが要件とされ、猶予の対象となった農地の20％超の譲渡・貸付け等を行った場合や農業経営を廃止した場合には、その農地については納税猶予の取消し事由となり、猶予税額を納付することが原則とされています。ただし、1．特定貸付け（農業経営基盤強化促進法等の規定による一定の貸付け）、2．都市農地の貸付け、及び3．営農困難時貸付けの特例が設けられており、これらの特例の対象となる貸付けを行った場合には、納税猶予は継続されることになっています。

1．特定貸付け

相続税・贈与税の納税猶予制度の適用を受ける農地等について、農業経営基盤強化促進法等に基づく事業による貸付けが行われた場合は、その貸付けに係る賃借権等の設定はなかったものと、農業経営は廃止していないものとみなして、引き続き納税猶予制度の適用を受けることができます。

次の要件①～③に当てはまる貸付けが対象になります。

① 次の事業により貸し付ける場合に限ります。
　ア．農地中間管理事業
　イ．農地利用集積円滑化事業
　ウ．利用権設定等促進事業（農用地利用集積計画）
② 贈与税の納税猶予の農地について、上記のアの農地中間管理事業以外の貸付けを行う場合は、申告書の提出期限から貸付けまでの期間が10年（貸付時の年齢が65歳未満である場合は20年）以上であることが必要ですが、贈与税の納税猶予の農地を農地中間管理事業により貸し付ける場合及び相続税の納税猶予の農地を貸し付ける場合はいつでも特定貸付けができます。
③ 特定貸付けの対象農地は、市街化区域外の農地に限ります。

2．都市農地の貸付け

　相続税の納税猶予制度の適用を受ける農地等（生産緑地に限ります。）について「都市農地の貸借の円滑化に関する法律」（以下「貸借円滑化法」）等の規定に基づき認定都市農地貸付け、又は農園用地貸付けが行われた場合は、その貸付けに係る賃借権等の設定はなかったものと、農業経営は廃止していないものとみなして、引き続き納税猶予制度の適用を受けることができます。

　認定都市農地貸付け及び特定都市農地貸付け（農園用地貸付けのうち貸借円滑化法に基づいて行われる貸付け）の制度の詳細については、Ⅰの**5**（42ページ）を参照してください。

3．営農困難時貸付けについては**3**（67ページ）を参照してください。

● 手　　続

① 当該貸付けを行った日から2か月以内に、特定貸付け、都市農地貸付け又は営農困難時貸付けを行っている旨等を記載した届出書を所轄税務署長に提出します（所定の証明書等を添付します。）。
② 当該貸付け後に農地の返還を受けたり耕作放棄があった場合には、改めて貸付けを行うか自分で農業の用に供することが必要であり、その場合、税務署長への届出等所定の手続が必要です。

● **注意点**

① 20年の営農継続で猶予税額が免除されることとなっている農業相続人が、特定貸付けを行ったときは、それ以降この免除事由は適用されず、終身営農のみが免除の要件となります。また、都市農地の貸付けの特例制度創設に伴って、この特例の適用が受けられることとなった三大都市圏の特定市以外の地域の生産緑地に係る猶予税額の免除の要件は、従来の20年の営農継続から終身営農へと変更されています（次表参照）。

② 被相続人が特定貸付け又は都市農地貸付けを行っていた農地を相続した場合や、農地の相続に伴い新たに特定貸付け又は都市農地貸付けを行った場合にも、相続税の納税猶予の適用を受けることができます。

なお、平成30年度税制改正の前後における、猶予税額の免除に係る営農要件及び農地の貸付けに係る農地の区分ごとの適用関係は、次表の通りです。

改正前

都市計画区分	地理的区分	三大都市圏		地方圏
		特定市	特定市以外	
市街化区域	生産緑地	営農：終身（貸付：×）	営農：20年 （貸付：×）	
	上記以外			
市街化区域以外 （市街化調整区域、非線引）		営農：終身 （貸付：特定貸付）		

改正後

都市計画区分	地理的区分	三大都市圏		地方圏
		特定市	特定市以外	
市街化区域	生産緑地※	営農：終身 （貸付：認定都市農地貸付、農園用地貸付）		
	田園住居地域内の農地	営農：終身（貸付：×）	営農：20年 （貸付：×）	
	上記以外			
市街化区域以外 （市街化調整区域、非線引）		営農：終身 （貸付：特定貸付）		

※ 生産緑地のうち、申出基準日までに特定生産緑地の指定がされなかったもの及び指定期限日までに特定生産緑地の指定が延長されなかったものを除きます。

（財務省「平成30年度税制改正の解説」資料より一部改編）

3 営農困難時貸付け

Q 農地等の相続税の納税猶予の特例の適用を受けていますが、疾病によって農業を続けることが難しくなりました。納税猶予の対象農地は特定貸付けができない区域にあるため、営農困難時貸付けを行おうと考えています。どのような点に注意したらよいのでしょうか。

A

市街化区域内など特定貸付けができない区域等に対象農地が存在する場合や、貸付け申込後1年経っても特定貸付けができなかった場合には営農困難時貸付けを行うことができます。ただし、耕作放棄があった場合には、納税猶予の適用が打ち切られることになります。

●●●●●●●●●●●● 解　説 ●●●●●●●●●●●●

相続税の納税猶予の特例の適用を受ける農業相続人が障害、疾病その他の事由により適用を受ける特例農地等について当該農業相続人の農業の用に供することが困難な状態となった場合には、これらの特例農地等について地上権、永小作権、使用貸借による権利又は賃借権の設定に基づく貸付け（「営農困難時貸付け」といいます。）を行ったときは、営農困難時貸付けを行った日から2月以内に、営農困難時貸付けを行っている旨の届出書を納税地の所轄税務署長に提出した場合に、納税猶予が継続されます（措法70の6㉘）。

農業の用に供することが困難な状態とは、
・精神障害者保健福祉手帳（障害等級が1級のもの）の交付
・身体障害者手帳（身体上の障害の程度が1級又は2級のもの）の交付
・介護保険制度の被保険者証（要介護状態区分が5）の交付
・障害等により農業に従事することができなくなった故障として市町村長の認定を受けている場合をいいます（措令40の7㊺）。

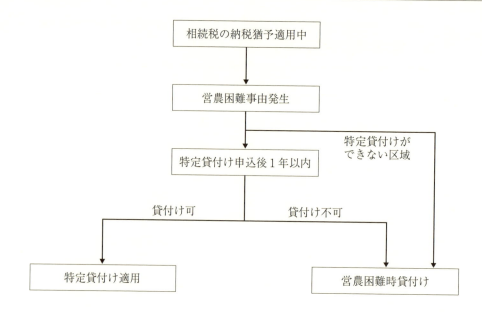

　営農困難時貸付けが行われた農地等において、借り受けた者の耕作放棄又は地上権、永小作権、使用貸借による権利若しくは賃借権等の消滅に至った場合には、所定の手続を行わなければ、その事由が生じたときに当該貸し付けられた農地等について権利設定があったものとみなされ、納税猶予の適用が打ち切られ、猶予税額及び利子税を納付しなければなりません（措法70の6㉘）。所定の手続及び必要な届出は、その状況によって異なるため注意が必要です。

第2章　都市近郊農地（生産緑地）の取扱い

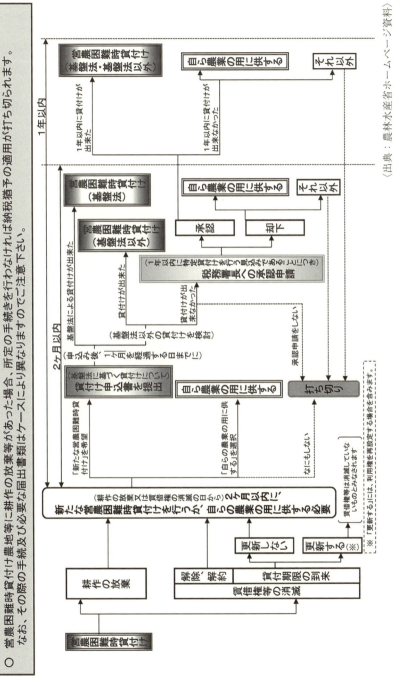

コラム　納税猶予

　相続税の申告において農地の納税猶予の特例を適用する場合は、対象農地に対して財産評価基本通達に則って評価した通常の相続税評価額と、農業投資価格という農地等が恒久的に農業の用に供される土地として自由な取引がされるとした場合に通常成立すると認められる価格として国税局長が決定した価格（20万円～90万円程度／10ａ）を用いた評価額とを算定することになります。

　例えば、首都圏の生産緑地などは通常の評価を行うと1億円ですが、農業投資価格では50万円という価額になることもあり、しばしば遺産分割時にどの金額を採用するかということが焦点になる場合があります。

　時価あるいは通常の相続税評価額を基準に分割を行いたいという相続人と、農業を続けて納税猶予の適用を受けるのだから農業投資価格で分割を考えたいという農業相続人（納税猶予適用者）との間で、申告期限までに分割がまとまらないということになれば、納税猶予の特例の適用を受けることができなくなります。

　相続人にこの特例の適用を受けさせようと考えている農業者は、農業を継続していくことが可能かどうかを農業相続人と話し合い、また相続人間で紛争が生じないように分割内容に配慮した遺言書を作成することが考えられます。税金の対策、家業（農業）の承継のためには、事前の準備が欠かせません。

第3章

相続財産の評価

Ⅰ 土地以外の相続税の課税対象財産

1 相続財産となるもの全般

Q 父は所有する農地を800万円で売却する契約を行い、契約と同時に手付金100万円を受け取りましたが、所有権移転に係る許可の申請中に死亡しました。相続税の課税対象となるのは農地の価額でしょうか、あるいは残代金の請求権でしょうか。

A

　売買契約締結後、相続開始時点で、土地の引渡し、残代金の受取り又は所有権移転登記申請手続等が行われていない場合でも、当該農地の実質的な所有者が買主であると認められる場合は、売主の相続税の課税財産は、その売買契約に基づく残代金の請求権（債権）となります。

●●●●●●●●●●●●●●● 解　説 ●●●●●●●●●●●●●●●

　相続税は死亡した人の財産を相続や遺贈（死因贈与を含む）によって取得した場合、その取得した財産に対してかかるものです（相法2、4）。ここでいう財産とは、現金、預貯金、有価証券、貴金属、土地、家屋などのほか貸付金、特許権、著作権など金銭に見積もることが可能な経済的価値のあるものすべてをいいます。また、次に掲げる財産も相続税の課税対象となります。

(1)　相続や遺贈によって取得したものとみなされる財産

　死亡退職金、及び被相続人が保険料を負担していた生命保険契約の死亡保険金等です（相法3）。

(2)　被相続人から死亡前3年以内に贈与により取得した財産

　相続や遺贈で財産を取得した人が、被相続人の死亡前3年以内に被相続人から財産の贈与を受けている場合には、その財産の贈与された時の価額を相続財産の

価額に加算します(相法19)。相続人であっても、その者が相続あるいは遺贈によって財産を取得していない場合は、死亡前3年以内の贈与によって取得した財産を相続財産に加算する必要はありません。
(3) 相続時精算課税の適用を受ける贈与財産

　被相続人から、生前に相続時精算課税の適用を受ける財産を贈与により取得した場合には、その贈与財産の価額（贈与時の価額）を相続財産の価額に加算します（相法21の14～21の16）。

　その他次のものについても、相続や遺贈によって取得したものとして特別に課税されます。
(4) 被相続人から生前に贈与を受けて、贈与税の納税猶予の特例を受けていた農地や非上場会社の株式など（措法70の5、70の7の3）
(5) 相続人がいなかった場合に、民法の定めによって相続財産法人から与えられた財産

　いくつか具体的に示すと、以下のような財産が該当します。
・被相続人が購入した株式や登録公社債で、まだ名義書換えや登録をしていないもの
・所得税の確定申告を要しない少額の配当所得に係る株式等
・営業権（法律上の根拠はありませんが経済的価値があるところから含まれることとなっています。）
・被相続人が購入（新築）した不動産で、まだ登記をしていないもの

　被相続人が売却した不動産は、その所有権が買主に移転していない時でも、その所有権の実質は被相続人にはないと認められます。このケースでは、相続税の課税財産は、売買契約に基づく譲渡対価のうち相続開始時における残代金の請求権700万円となります。

> 　原則的には、不動産売買契約中の引渡し前に売主に相続が開始した場合の相続財産は、残代金請求権ですが、国税不服審判所の裁決事例の中で、農地

の売主が死亡した場合の相続税の課税財産について、売買残代金請求権（債権）ではなく、農地と認めるのが相当であるとした事例があります（国税不服審判所　H15.1.24　金裁（諸）平14.5　裁決事例集No.65　566ページ）。

〈裁決要旨〉

　原処分庁は、土地の売買契約締結後、当該土地の売主から買主への引渡しの日以前に当該売主に相続が開始した場合には、たとえ当該土地の所有権が売主たる被相続人に残っていたとしても、もはやその実態は売買残代金を確保するための機能を有するにすぎず、よって、相続税の課税財産とすべき財産は、当該売買契約に基づく売買残代金請求権（債権）であると主張する。

　確かに、土地の売買契約が当事者双方によって誠実に履行され、売買残代金請求権（債権）が確定的に被相続人に帰属しているということを肯定できるような場合には、土地の所有権は独立して相続税の課税財産を構成せず、その実質は売買残代金を確保するための機能を有するにすぎないものと解されている。

　本件においては、被相続人は、農地法第5条第1項に基づく農地転用許可を受けるなど、本件売買契約の内容を誠実に履行しているが、買主は本件売買契約締結の日から相続開始の日までの約1年8か月の間、売買残代金の支払義務を履行しておらず、結果としても、本件売買契約を合意解除するに至ったことからすれば、相続開始時点において、売買残代金請求権（債権）が確定的に被相続人に帰属していたということを肯定することはできない。

　したがって、本件土地について、相続税の課税財産とすべき財産は、売買残代金請求権（債権）ではなく土地であると認めるのが相当である。

2　名義の預金・株・保険

Q 被相続人以外の者の名義の預金、有価証券あるいは投資信託などの金融商品に関しても、被相続人の財産として相続税の課税対象となる場合があるということですが、どのような場合が課税対象となるのでしょうか。

A
　相続税の課税対象財産は、その財産の名義ではなく、実質的に被相続人に帰属するか否かで、相続財産に含まれるかを判断します。被相続人から他の者へ名義を変更しても、双方に贈与の意思がない場合は、単に名義を借りただけで、実質は被相続人の財産として、相続税の課税対象となります。

解　説

　相続税の税務調査において最も申告漏れを指摘される財産は、現金・預貯金等であり、申告漏れ財産のうちに占める割合は35％前後とここ数年高い割合が続いています。現金預金の取引内容は特に詳しく調査されるため、「名義預金」や「名義株」に該当する財産の有無を把握し、これらの名義財産を相続税の課税対象財産に計上する必要があります。
　「名義預金」とは、被相続人の預貯金が贈与の手続を経ずに他の者の名前の預金になっているものをいいます。名義がかわっていても、実質的に管理・所有を行っていたのは、書換え前の所有者ということであれば贈与が行われていたとはみなされず、それらは相続財産として課税の対象となります。
　「名義株」に関しては、株式を購入する資金を出捐したのは誰か、株式の取得に対しての決定権を有しているのは誰か、実際に株式を管理しているのは誰かということが重要になります。また、その株式の配当金を取得しているのは誰かも、またその帰属の判定のために重要な要素となっています。これらの諸要素、その他名義人と管理者との関係等を総合的に勘案して、その所有者を判断しなければ

なりません。

　「名義保険」とは、相続開始の時において、まだ保険事故が発生していない掛捨てではない生命保険契約で、被相続人が保険料を負担し、かつ、被相続人以外の者が契約者である場合の生命保険契約に関する権利をいいます。つまり、被相続人が保険料を払っているにもかかわらず、被相続人の死亡に際して保険金が支払われない保険契約が、この名義保険に該当します。

　これらの比較的名義変更を行いやすい財産については、計上漏れとならないように、複数年にわたる預貯金履歴の調査や、相続人等からの聞き取り、保険証券等の確認を行い、実質的に被相続人に帰属する財産であるかどうかを判断していくことが重要です。

〈申告漏れ相続財産の金額の構成比の推移〉

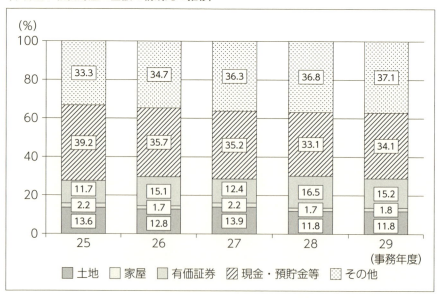

〈出典：国税庁ホームページ〉

Ⅱ 土地の評価（原則）

1 地目の判定

Q 土地等を評価する場合、財産評価基本通達（以下、「評価通達」という。）では、土地等の価額は土地等の地目の別に評価することと規定されていますが、その区分は、どのようになっていますか。

A

土地等の価額は、原則として登記地目に準ずることとなっています。評価通達では、①宅地、②田、③畑、④山林、⑤原野、⑥牧場、⑦池沼、⑧鉱泉地、⑨雑種地の区分で評価することとなっています。

●●●●●●●●●●●●●●● 解　説 ●●●●●●●●●●●●●●●

土地等の評価に当たっては、土地等の地目の判定が重要となります。評価通達では、原則、土地の登記地目ではなく現況の地目ごとに評価することとなっています。したがって、土地の登記上の地目が畑であっても現況が駐車場となっていれば、雑種地としての評価をすることとなります。

このように、相続税の土地評価においては、地目の判定がポイントとなっています。各地目においては、評価方法が異なることから、土地評価額に影響が出ますので、土地の地目の判定は、評価において基本的に重要な事項となります。

登記上の地目と評価通達における地目の違いは以下の通りです。

	登記上の地目	評価通達の地目
①	田	田
②	畑	畑
③	宅地	宅地
④	学校用地	雑種地
⑤	鉄道用地	雑種地
⑥	塩田	田
⑦	鉱泉地	鉱泉地
⑧	池沼	池沼
⑨	山林	山林
⑩	牧場	牧場
⑪	原野	原野
⑫	墓地	雑種地
⑬	境内地	なし
⑭	運河用地	なし
⑮	水道用地	なし
⑯	用悪水路	なし
⑰	ため池	池沼
⑱	堤	なし
⑲	井溝	なし
⑳	保安林	山林
㉑	公衆用道路	雑種地
㉒	公園	雑種地
㉓	雑種地	雑種地

2 登記簿上の地目と現況地目が異なる場合(1)

Q 市街化区域における土地について当初は宅地（自宅）として利用していましたが、相続時の現況においてその宅地のうち一部を家庭菜園として使用していました。この場合、土地の評価はどうなりますか。

A 家庭菜園は、通常農地として扱われません。自宅周りの空地を利用して家庭菜園として利用している場合は、自宅の敷地として一体評価することとなります。

●●●●●●●●●●●● 解　説 ●●●●●●●●●●●●

　よく自宅周りの空地を利用して家庭菜園や自己の駐車場等として土地を利用しているケースが見られます。この場合には、地目区分を宅地としている土地を農地として利用している場合や第三者に賃貸している駐車場であれば、宅地部分と区分して評価することとなります。しかし、家庭菜園の場合は、農地として評価しませんし、自己の使用する駐車場については、たとえアスファルト舗装されていても独立した利用でないため区分して評価をせずに、自宅の敷地として一体評価することとなります。

3　登記簿上の地目と現況地目が異なる場合(2)

Q　市街化調整区域の畑ですが、相続時の現況が農地法上の転用許可を受けないで、アパートの敷地としている畑があります。この場合、土地の評価はどうなりますか。

A

解説参照

解　説

　市街化調整区域（市街化を抑制すべき区域）内の農地については、農地法上、都道府県知事（農地が4haを超える場合には農林水産大臣（地域整備法に基づく場合を除く。））の許可を得ないで農地を農地以外の宅地や駐車場に転用することはできないこととなっています（農地法4）。また、その農地を転用目的で売買する場合も同様です（農地法5）。したがって、自分の土地だからといって農地法上の許可を得ずに農地を宅地転用した場合は、農地法違反として国又は都道府県知事から工事の中止や農地への原状回復を命令されることとなっています。しかし、アパートを建築して、第三者に賃貸されている場合においては、入居者の立退き等の問題があるために、当分アパートとして利用が認められるケースがあります。

　その場合は、アパートの敷地として宅地で評価することとなります。

　なお、その土地は農地であるため第三者へは転売できませんし、建替えも不可能とされるので、建築制限のある土地として、30％の減価はできることとなっています（財基通27-5）。

〈農地法で定められている他の規定〉
・原状回復費用の負担（農地法51）
・違反転用・原状回復命令違反（農地法64、67）
　個人にあっては3年以下の懲役又は300万円以下の罰金
　法人にあっては1億円以下の罰金

4　登記簿上の地目と現況地目が異なる場合(3)

Q 市街化調整区域の土地について、登記簿上の地目は畑となっていますが、相続時の現況では整地して月極駐車場として利用しています。このような場合には、土地の評価はどうなりますか。

A

解説参照

●●●●●●●●●●●●● 解　説 ●●●●●●●●●●●●●

　前記3と同様に市街化調整区域内の農地については、農地法上、都道府県知事（農地が4haを超える場合には農林水産大臣（地域整備法に基づく場合を除く。））の許可を得ないで農地以外の宅地や駐車場に転用することはできないこととなっています（農地法4）。

　したがって、農地法上の許可を得ずに駐車場へ転用した場合は、農地法違反として国又は都道府県知事から農地への原状回復を要請されることとなっています。しかし、相続時では、現況地目で判断することとなっていますので、その場合は、たとえ違反農地であっても評価通達上は、駐車場の敷地として雑種地で評価することとなります。

　なお、その土地は農地法上の農地であるため第三者へは転売できませんし、市街化調整区域の雑種地であるため、建物の建築はできないことから、建築不可の土地となり、評価通達27-5を適用して、50％の減価はできることとなっています。

5　登記簿上の地目と現況地目が異なる場合(4)

Q 市街化調整区域の畑ですが、数年前から耕作しないで放置している畑があります。この場合、土地の評価はどうなりますか。

A 相続税における財産評価の基本は、現況主義であるので、登記簿上の地目が畑となっていても農地として耕作していない土地は現況地目が類似する土地、すなわち、原野、山林、雑種地として評価することとなります。

●●●●●●●●●●●●●　解　説　●●●●●●●●●●●●●

評価通達においては、土地の評価は現況の地目で判断することとなります。登記簿上の地目が農地であっても長年耕作を放棄している土地は、農地として認められず、原野、山林、雑種地等の現況地目に類似している地目で評価することとされています。

6　採草放牧地の地目の判定

Q 農地法第2条第1項に規定する「採草放牧地」の地目の判定はどのように行いますか。

A 解説参照

解　説

採草放牧地とは、農地以外の土地で、主として耕作又は養畜の事業のための採草又は家畜の放牧の目的に供されるものをいいます（農地法2①）。

これは、農地法上の土地の区分であって、不動産登記法上の土地の区分ではありません。

評価通達7のいずれの地目（通常、原野又は牧場）に該当するかは、課税時期の現況により判定することとなります。

7　複数の地目で一体評価する場合

Q 市街化調整区域以外の都市計画区域^(注)で市街地的形態を形成する地域において、市街地農地、市街地山林、市街地原野及び宅地と状況が類似する雑種地のいずれか2以上の地目が隣接している場合で、全体を一団として評価することが合理的と認められる場合とは、具体的にはどのような場合ですか。

A 解説参照

・・・・・・・・・・・・・・・ 解　説 ・・・・・・・・・・・・・・・

国税庁ホームページの質疑応答事例の解説がわかりやすくまとめられているので、以下に紹介します(平成30年7月1日現在の法令・通達に基づいているものです)。

土地の評価単位——地目の異なる土地を一団として評価する場合

【照会要旨】
　市街化調整区域以外の都市計画区域で市街地的形態を形成する地域において、市街地農地、市街地山林、市街地原野及び宅地と状況が類似する雑種地のいずれか2以上の地目が隣接している場合で、全体を一団として評価することが合理的と認められる場合とは、具体的にはどのような場合ですか。

【回答要旨】
　以下の事例①〜④のような場合に、農地、山林及び雑種地の全体を一団として評価することが合理的と認められます。なお、事例⑤のような場合はそれぞれを地目の別に評価します。

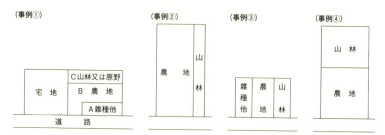

（事例⑤）—地目ごとに評価

| 農　地 | 山　林 | | 標準的な規模の宅地 |

（理由）
　宅地化が進展している地域のうちに介在する市街地農地等及び宅地と状況が類似する雑種地が隣接しており、その規模、形状、位置関係等から一団の土地として価格形成がなされるものもあります。また、これらの土地は、近隣の宅地の価額の影響を強く受けるため、原則としていわゆる宅地比準方式により評価することとしており、基本的な評価方法はいずれも同一であることから、地目の別に評価する土地の評価単位の例外として、その形状、地積の大小、位置等からみて一団として評価することが合理的と認められる場合には、その一団の土地ごとに評価します。
　（事例①）の場合、標準的な宅地規模を考えた場合にはA土地は地積が小さく、形状を考えた場合には、B土地は単独で評価するのではなくA土地と合わせて評価するのが妥当と認められます。また、位置を考えた場合には、C土地は道路に面していない土地となり、単独で評価するのは妥当でないと認められることから、A、B及びC土地全体を一団の土地として評価することが合理的であると認められます。
　（事例②）の場合、山林のみで評価することとすると、形状が間口狭小、奥行長大な土地となり、また、山林部分のみを宅地として利用する場合には、周辺の標準的な宅地と比較した場合に宅地の効用を十分に果たし得ない土地となってしまいます。同様に（事例③）では、各地目の地積が小さいこと、（事例④）では山林部分が道路に面していないことから、やはり宅地の効用を果たすことができない土地となります。これらのような場合には、土地取引の実情からみても隣接の地目を含めて一団の土地を構成しているものとみるのが妥当であることから、全体を一団の土地として評価します。
　また、このように全体を一団の土地として評価するときに、その一団の土地がその地域における標準的な宅地の地積に比して著しく広大となる場合には、財産評価基本通達24－4（広大地の評価）、同40－2（広大な市街地農地等の評価）、同49－2（広大な市街地山林の評価）及び同58－4（広大な市街地原野の評価）を適用します。
　しかし、（事例⑤）のように農地と山林をそれぞれ別としても、その形状、地積の大小、位置等からみても宅地の効用を果たすと認められる場合には、一団としては評価しません。

（注）　都市計画区域……都道府県が、市又は人口、就業者数その他の事項が政令で定める要件に該当する町村の中心の市街地を含み、かつ、自然的及び社会的条件並びに人口、土地利用、交通量その他国土交通省令で定める事項に関する現況及び推移を勘案して、一体の都市として総合的に整備し、開発し、及び保全する必要がある区域として指定するもの。この場合において、必要があるときは、当該市町村の区域外にわたり、都市計画区域を指定することができる。

Ⅲ 土地の評価
（評価減が行えるもの、特殊性のあるもの）

1 貸家建付地の判断（郊外型貸店舗）

Q 以下のような幹線道路沿いに郊外型店舗用地（スーパーマーケット）として賃貸している土地があり、スーパーマーケットの専用駐車場が併設しています。スーパーマーケットの店舗の敷地と駐車場用地は一体として賃貸借契約をしていますが、この場合、スーパーマーケットの店舗の敷地は宅地として、駐車場用地は雑種地として評価することとなりますか。

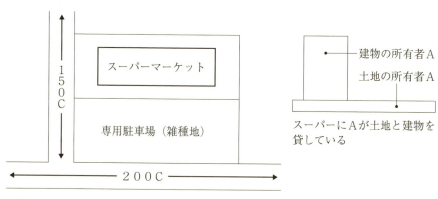

　上記のようなスーパーマーケットとして一体利用されている敷地は、賃貸借契約においてスーパーマーケットと駐車場を一体として利用することを目的として賃貸されており、主たる目的がスーパーマーケットの敷地であることから、宅地と雑種地を区分して評価するのではなく、一体として貸家建付地（宅地）として評価することができます。

第3章　相続財産の評価

● ● ● ● ● ● ● ● ● ● ● ● ● ● ● **解　説** ● ● ● ● ● ● ● ● ● ● ● ● ● ● ●

　評価通達では、地目の判定は、現況地目に区分して評価することとなっていますが、一体として利用されている一団の土地が2以上の地目からなるときは、その一団の土地の評価は、そのうちの主たる地目からなるものとして、その一団の土地ごとに評価するものとされます（財基通7ただし書）。

　この事例のように、その店舗の専用の駐車場として利用されており、店舗部分（宅地部分）と駐車場部分（雑種地部分）とが一体として土地賃貸借契約がなされている場合については、借地権の評価上、建物の賃借権が土地全体に及ぶものとされているので、一体の土地（宅地）として地目の種類は評価することとなります（「市街地近郊土地の評価」松本好正著　大蔵財務協会　参照）。

　また、その宅地の評価においては、全体を貸家建付地として計算して評価することができます。

　しかし、以下のような場合は、土地同士が隣接していないため一体として評価はできないこととなっています。A貸店舗としての建物賃貸借契約による賃借権がB駐車場に及ばないことから区分して評価することとなります。

　B駐車場については、土地賃貸借契約による雑種地としての土地賃借権は、宅地の自用地価額から控除することができます。

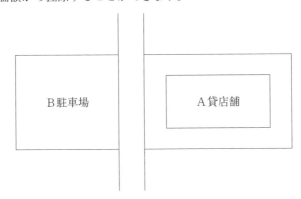

（参考：国税庁ホームページ「質疑応答事例」、「財産評価」雑種地の賃借権の評価）

2　地積規模の大きな宅地の評価の概要

Q 平成30年1月1日の相続開始から「地積規模の大きな宅地」（財基通20－2）が新設されました。その概要を教えてください。

A

　平成29年の税制改正で従来の評価通達24－4「広大地通達」は平成29年廃止され、新通達「地積規模の大きな宅地」が創設されました。その新通達は、平成30年1月1日以後の相続又は遺贈により取得した土地の評価から適用されます。

　したがって、旧広大地通達は、平成29年12月31日までの相続又は遺贈により取得した土地の評価において適用ができます。

　なお、旧広大地通達が適用できる申告期限としては、10か月の期間があるので、平成29年12月31日に相続又は遺贈により取得した土地の相続税の申告期限が平成30年10月31日となるので、平成30年中の相続税申告についても適用があります。

　また、修正申告、更正の請求においても平成29年12月31日までの相続又は遺贈により取得した土地の評価については旧広大地通達が適用できることとなります。

●●●●●●●●●●●●●●●　解　説　●●●●●●●●●●●●●●●

〈「地積規模の大きな宅地」の通達の概要〉

　「地積規模の大きな宅地」に該当する土地は、以下の要件となりました。

(1)　面積基準

　①　三大都市圏　　500㎡以上（92ページ参照）

　②　①以外　　　　1,000㎡以上

(2)　地区区分（路線価の地区区分）

　①　普通住宅地区

　②　普通商業・併用住宅地区

　また、倍率地域に所在するものについては、地積規模の大きな宅地に該当する

宅地であれば対象となります。
(3) 容積率基準（指定容積率）
　① 容積率　400％未満（東京都の特別区においては300％未満）
(4) 適用除外
　① 市街化調整区域（都市計画法第34条第10号又は第11号の規定に基づき宅地分譲に係る開発行為を行うことができる区域を除く）に所在する宅地
　② 都市計画法の用途地域が工業専用地域に指定されている地域に所在する宅地
　③ 倍率地域に所在する評価通達22－2（大規模工場用地）に定める大規模工場用地

3 「地積規模の大きな宅地」の判定フローチャート

Q 「地積規模の大きな宅地」は、どのように判定するのでしょうか。

A 「地積規模の大きな宅地」の判定においては、以下のフローチャートがありますので、その手順にて判定することとなります。

「地積規模の大きな宅地の評価」の適用対象の判定のためのフローチャート

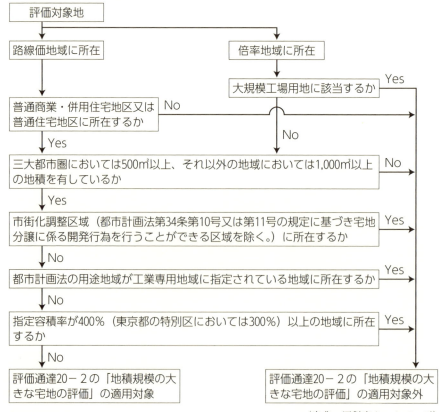

（出典：国税庁ホームページ）

第3章　相続財産の評価

〈地積規模の大きな宅地の評価の申告チェックリスト〉

（平成30年1月1日以降用）「地積規模の大きな宅地の評価」の適用要件チェックシート（1面）

（はじめにお読みください。）
1　このチェックシートは、財産評価基本通達20-2に定める「地積規模の大きな宅地」に該当するかを確認する際にご使用ください（宅地等の評価額を計算するに当たっては、「土地及び土地の上に存する権利の評価明細書」をご使用ください。）。
2　評価の対象となる宅地等が、**路線価地域にある場合はA表**を、**倍率地域にある場合はA表及びB表**をご使用ください。
3　「**確認結果**」欄の全てが「**はい**」の場合にのみ、「地積規模の大きな宅地の評価」を適用して評価することになります。
4　「地積規模の大きな宅地の評価」を適用して申告する場合、このチェックシートを「土地及び土地の上に存する権利の評価明細書」に**添付**してご提出ください。

宅地等の所在地番		地　積	㎡
所　有　者	住　所（所在地）	評価方式	路線価　・　倍率
	氏　名（法人名）		（A表で判定）（A表及びB表で判定）
被相続人	氏　名	相続開始日又は受贈日	

【A表】

項　目	確認内容（適用要件）	確認結果	
面　積	○ 評価の対象となる宅地等（※2）は、次に掲げる面積を有していますか。 ① 三大都市圏（注1）に所在する宅地については、**500㎡以上** ② 上記以外の地域に所在する宅地については、**1,000㎡以上**	はい	いいえ
地区区分	○ 評価の対象となる宅地等は、路線価図上、次に掲げる地区のいずれに所在しますか。 ① 普通住宅地区 ② 普通商業・併用住宅地区 ＊ 評価の対象となる宅地等が倍率地域にある場合、普通住宅地区内に所在するものとしますので、確認結果は「はい」を選択してください。	はい	いいえ
都市計画（※1）	○ 評価の対象となる宅地等は、市街化調整区域（注2）**以外**の地域に所在しますか。 ＊ 評価の対象となる宅地等が都市計画法第34条第10号又は第11号の規定に基づき宅地分譲に係る開発行為（注3）ができる区域にある場合、確認結果は「はい」を選択してください。	はい	いいえ
	○ 評価の対象となる宅地等は、都市計画の用途地域（注4）が「工業専用地域」（注5）に指定されている地域**以外**の地域に所在しますか。 ＊ 評価の対象となる宅地等が用途地域の定められていない地域にある場合、「工業専用地域」に指定されている地域以外の地域に所在するものとなりますので、確認結果は「はい」を選択してください。	はい	いいえ
容積率（※1）	○ 評価の対象となる宅地等は、次に掲げる容積率（注6）の地域に所在しますか。 ① 東京都の特別区（注7）に所在する宅地については、**300%未満** ② 上記以外の地域に所在する宅地については、**400%未満**	はい	いいえ

【B表】

項　目	確認内容（適用要件）	確認結果	
大規模工場用地	○ 評価の対象となる宅地等は、「大規模工場用地」（注8）に**該当しない土地**ですか。 ＊ 該当しない場合は「はい」を、該当する場合は「いいえ」を選択してください。	はい	いいえ

※1　都市計画の用途地域や容積率等については、評価の対象となる宅地等の所在する市（区）町村のホームページ又は窓口でご確認ください。
　2　市街地農地、市街地周辺農地、市街地山林及び市街地原野についても、それらが宅地であるとした場合に上記の確認内容（適用要件）を満たせば、「地積規模の大きな宅地の評価」の適用があります（宅地への転用が見込めないと認められるものを除きます。）。
　3　注書については、2面を参照してください。

（平成30年1月1日以降用）「地積規模の大きな宅地の評価」の適用要件チェックシート（2面）

(注) 1 三大都市圏とは、次に掲げる区域等をいいます（具体的な市町村は下記の（表）をご参照ください。）。
① 首都圏整備法第2条第3項に規定する既成市街地又は同条第4項に規定する近郊整備地帯
② 近畿圏整備法第2条第3項に規定する既成都市区域又は同条第4項に規定する近郊整備区域
③ 中部圏開発整備法第2条第3項に規定する都市整備区域
2 市街化調整区域とは、都市計画法第7条第3項に規定する市街化調整区域をいいます。
3 開発行為とは、都市計画法第4条第12項に規定する開発行為をいいます。
4 用途地域とは、都市計画法第8条第1項第1号に規定する用途地域をいいます。
5 工業専用地域とは、都市計画法第8条第1項第1号に規定する工業専用地域をいいます。
6 容積率は、建築基準法第52条第1項の規定に基づく容積率（指定容積率）により判断します。
7 東京都の特別区とは、地方自治法第281条第1項に規定する特別区をいいます。
8 大規模工場用地とは、一団の工場用地の地積が5万㎡以上のものをいいます。

（表） 三大都市圏（平成28年4月1日現在）

圏名	都府県名		都市名
首都圏	東京都	全域	特別区、武蔵野市、八王子市、立川市、三鷹市、青梅市、府中市、昭島市、調布市、町田市、小金井市、小平市、日野市、東村山市、国分寺市、国立市、福生市、狛江市、東大和市、清瀬市、東久留米市、武蔵村山市、多摩市、稲城市、羽村市、あきる野市、西東京市、瑞穂町、日の出町
	埼玉県	全域	さいたま市、川越市、川口市、行田市、所沢市、加須市、東松山市、春日部市、狭山市、羽生市、鴻巣市、上尾市、草加市、越谷市、蕨市、戸田市、入間市、朝霞市、志木市、和光市、新座市、桶川市、久喜市、北本市、八潮市、富士見市、三郷市、蓮田市、坂戸市、幸手市、鶴ケ島市、日高市、吉川市、ふじみ野市、白岡市、伊奈町、三芳町、毛呂山町、越生町、滑川町、嵐山町、川島町、吉見町、鳩山町、宮代町、杉戸町、松伏町
		一部	熊谷市、飯能市
	千葉県	全域	千葉市、市川市、船橋市、松戸市、野田市、佐倉市、習志野市、柏市、流山市、八千代市、我孫子市、鎌ケ谷市、浦安市、四街道市、印西市、白井市、富里市、酒々井町、栄町
		一部	木更津市、成田市、市原市、君津市、富津市、袖ケ浦市
	神奈川県	全域	横浜市、川崎市、横須賀市、平塚市、鎌倉市、藤沢市、小田原市、茅ケ崎市、逗子市、三浦市、秦野市、厚木市、大和市、伊勢原市、海老名市、座間市、南足柄市、綾瀬市、葉山町、寒川町、大磯町、二宮町、中井町、大井町、松田町、開成町、愛川町
		一部	相模原市
	茨城県	全域	龍ケ崎市、取手市、牛久市、守谷市、坂東市、つくばみらい市、五霞町、境町、利根町
		一部	常総市
近畿圏	京都府	全域	亀岡市、向日市、八幡市、京田辺市、木津川市、久御山町、井手町、精華町
		一部	京都市、宇治市、城陽市、長岡京市、南丹市、大山崎町
	大阪府	全域	大阪市、堺市、豊中市、吹田市、泉大津市、守口市、富田林市、寝屋川市、松原市、門真市、摂津市、高石市、藤井寺市、大阪狭山市、忠岡町、田尻町
		一部	岸和田市、池田市、高槻市、貝塚市、枚方市、茨木市、八尾市、泉佐野市、河内長野市、大東市、和泉市、箕面市、柏原市、羽曳野市、東大阪市、泉南市、四條畷市、交野市、阪南市、島本町、豊能町、能勢町、熊取町、岬町、太子町、河南町、千早赤阪村
	兵庫県	全域	尼崎市、伊丹市
		一部	神戸市、西宮市、芦屋市、宝塚市、川西市、三田市、猪名川町
	奈良県	全域	大和高田市、安堵町、川西町、三宅町、田原本町、上牧町、王寺町、広陵町、河合町、大淀町
		一部	奈良市、大和郡山市、天理市、橿原市、桜井市、五條市、御所市、生駒市、香芝市、葛城市、宇陀市、平群町、三郷町、斑鳩町、高取町、明日香村、吉野町、下市町
中部圏	愛知県	全域	名古屋市、一宮市、瀬戸市、半田市、春日井市、津島市、碧南市、刈谷市、安城市、西尾市、犬山市、常滑市、江南市、小牧市、稲沢市、東海市、大府市、知多市、知立市、尾張旭市、高浜市、岩倉市、豊明市、日進市、愛西市、清須市、北名古屋市、弥富市、みよし市、あま市、長久手市、東郷町、豊山町、大口町、扶桑町、大治町、蟹江町、阿久比町、東浦町、南知多町、美浜町、武豊町、幸田町、飛島村
		一部	岡崎市、豊田市
	三重県	全域	四日市市、桑名市、木曽岬町、東員町、朝日町、川越町
		一部	いなべ市

(注) 「一部」の欄に表示されている市町村は、その行政区域の一部が区域指定されているものです。評価対象となる宅地等が指定された区域内に所在するか否かは、当該宅地等の所在する市町村又は府県の窓口でご確認ください。

（出典：国税庁ホームページ）

第3章　相続財産の評価

4　規模格差補正率

Q 「地積規模の大きな宅地」における規模格差補正率は、どのようなものですか。

A 解説参照

・・・・・・・・・・・・・・　解　説　・・・・・・・・・・・・・・

評価通達20－2「地積規模の大きな宅地の評価」における「規模格差補正率」とは、以下のようになっています。

〈規模格差補正率の計算方法〉

「規模格差補正率」は、下記の算式により計算する。

$$規模格差補正率 = \frac{Ⓐ \times Ⓑ + Ⓒ}{地積規模の大きな宅地の地積（Ⓐ）} \times 0.8$$

（注）　上記算式により計算した規模格差補正率は、小数点以下第2位未満を切り捨てる。

上の算式中の「Ⓑ」及び「Ⓒ」は、地積規模の大きな宅地の所在する地域に応じて、それぞれ下表の通りとします。

① 三大都市圏に所在する宅地

地区区分　地積㎡　記号	普通商業・併用住宅地区、普通住宅地区	
	Ⓑ	Ⓒ
500以上　1,000未満	0.95	25
1,000 〃　3,000未満	0.90	75
3,000 〃　5,000未満	0.85	225
5,000 〃	0.80	475

② 三大都市圏以外の地域に所在する宅地

地積㎡ \ 地区区分 記号	普通商業・併用住宅地区、普通住宅地区	
	Ⓑ	Ⓒ
1,000以上　3,000未満	0.90	100
3,000 〃　　5,000未満	0.85	250
5,000 〃	0.80	500

〈規模格差補正率の計算例〉

【照会要旨】

次の図のような宅地（地積750㎡、三大都市圏に所在）の価額はどのように評価するのでしょうか（地積規模の大きな宅地の評価における要件は満たしています。）。

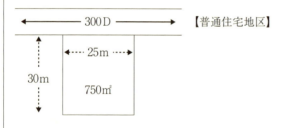

【普通住宅地区】

【回答要旨】

1．1　規模格差補正率の計算（小数点以下第2位未満切捨て）

$$\frac{750㎡ \times 0.95 + 25}{750㎡} \times 0.8 = 0.78$$

2．2　評価額

　　路線価　　　奥行価格補正率　　規模格差補正率　　地積
　300,000円 ×　　0.95　　×　　0.78　　× 750㎡ ＝ 166,725,000円

（国税庁ホームページ質疑応答事例―計算例①（一般的な宅地の場合））

5　新旧通達の比較

Q 「旧広大地通達」と「地積規模の大きな宅地」通達を比較した場合どのような違いがありますか。

A 解説参照

解　説

　旧広大地通達は、広大地の判定において、マンション適地や路地状敷地開発の可能性など入り口で判定のあいまいさがあり旧広大地に該当するかどうかの判断が実務上困難でした。

　しかし、「地積規模の大きな宅地」通達は、判断基準が明確になり、判定がしやすくなっています。

　旧広大地通達では適用が認められなかったものの、「地積規模の大きな宅地」通達では、認められる土地は、以下のようなものがあります。

　①　路地状開発ができる土地
　②　羊羹切りの土地
　③　既に開発を完了しているマンション・ビル等の土地
　④　街道沿いの商業店舗、ファミリーレストラン等の土地
　⑤　一団の住宅団地、タワーマンション敷地

　旧広大地通達では適用が認められたものの、「地積規模の大きな宅地」通達では、認められない土地は、以下のようなものがあります。

　①　中小工場地区内の土地
　②　500㎡未満の土地
　③　指定容積率が都市計画法で400％以上（東京都の特別区で300％）になっているが、接面する道路の幅員が6m以下の土地。指定容積率が使えず、高度

利用が制限される土地。

以上の土地については、鑑定評価した方が有利な場合があります。

6　市街地農地の地積規模が大きな宅地の適用

Q　市街地農地について「地積規模の大きな宅地」の評価が適用できますか。

A　解説参照

● ● ● ● ● ● ● ● ● ● ● ● 解　説 ● ● ● ● ● ● ● ● ● ● ● ●

　従来の広大な市街地農地等については、旧評価通達24－4の定めに準じて評価することとしていましたが、平成29年9月の改正により、旧評価通達24－4の定めの廃止に伴い、旧評価通達40－2、49－2及び58－4の定めも併せて廃止し、今後は、通常の市街地農地等と同様、評価通達39《市街地周辺農地の評価》、40《市街地農地の評価》、49《市街地山林の評価》及び58－3《市街地原野の評価》の定めにより評価することとなりました。

　市街地農地等については、評価通達39、40、49及び58－3の定めにおいて、その農地等が宅地であるとした場合を前提として評価（宅地比準方式により評価）することとしているところ、開発分譲業者が、地積規模の大きな市街地農地等を造成し、戸建住宅用地として分割分譲する場合には、地積規模の大きな宅地の場合と同様に、それに伴う減価が発生することになります。

　したがって、市街地農地等については、「地積規模の大きな宅地の評価」の適用要件を満たせば、その適用対象となります（ただし、路線価地域にあっては、宅地の場合と同様に、普通商業・併用住宅地区及び普通住宅地区に所在するものに限られる。）(注)。評価通達40注書、49注書及び58－3注書において、このことが留意的に明らかにされました。

（注）　市街地農地等について、宅地への転用が見込めないと認められる場合には、戸建住宅用地としての分割分譲が想定されないことから、「地積規模の大きな宅地の評価」の適用対象とならないことに留意が必要です。

なお、従来の広大地評価に係る広大地補正率では、宅地造成費相当額が考慮されていましたが、「地積規模の大きな宅地の評価」に係る規模格差補正率は、地積規模の大きな宅地を戸建住宅用地として分割、分譲する場合に発生する減価のうち、主に地積に依拠するものを反映しているものであり、宅地造成費相当額は反映されておりません。

　したがって、「地積規模の大きな宅地の評価」の適用対象となる市街地農地等については、「地積規模の大きな宅地の評価」を適用した後、個々の農地等の状況に応じた宅地造成費相当額を別途控除して評価することとなります。

第3章　相続財産の評価

7　広大地（市街化区域）〔平成29年12月31日以前〕

Q 市街化区域内に生産緑地があります。生産緑地は、農地として長期間使用することが前提となっていますので、宅地開発が不可能と思います。それでも広大地として評価することはできますか。

A

　生産緑地は、市街化区域内の500㎡以上（又は300㎡以上で市区町村が条例で定める規模）の農地で都道府県等から生産緑地の指定を受けたもので、30年以上農地としての継続要件があります。したがって、宅地開発は原則不可の土地であり広大地としての適用は難しいと考えられます。

　しかし、評価通達における市街化区域内の農地の評価においては、一般的に宅地比準方式で評価することとなっています。その評価手順は、まず宅地として評価してから農地としての宅地造成費相当額を控除して評価することとなっています。したがって、課税時期が平成29年12月31日以前の場合、その土地の評価は、農地としてではなく、あくまでも宅地の評価となることから、宅地の評価の場合適用ができる広大地の評価減ができることとなっています。宅地としての広大地の要件を具備していれば広大地の適用ができることとなっています（旧財基通40－2）。

〈評価方法〉

広大な生産緑地の評価
＝正面路線価×広大地補正率 　　　　　×生産緑地であることの斟酌割合（注）×地積

　（注）　生産緑地であることの斟酌割合　　1－0.05＝0.95

●●●●●●●●●●● 解　説 ●●●●●●●●●●●

　生産緑地とは市街化区域内の500㎡以上（又は300㎡以上で市区町村が条例で定める規模）の農地で都道府県から生産緑地の指定を受けたものをいいます。その生産緑地については、固定資産税が優遇され（宅地の数百分の一）、相続税が猶予されます。東京23区や政令指定都市のほか「首都圏整備法に規定する一定の区域」で生産緑地が認定されます。首都圏ではほとんどの市町村は「首都圏整備法に規定する一定の区域」に当たります。生産緑地に指定されますと、指定を受けた農地には標識が設置され、農地所有者に農地の適正管理が義務づけられます。生産緑地地区に指定された農地は、税制面での優遇が受けられるため、農業が継続しやすくなります。その一方で、農地等として維持するため、建築物の建築、宅地の造成等の行為が制限されます。

　ただし、農業用施設等については、周辺の生活環境に悪影響をもたらすおそれがない場合には、市町村長の許可により設置することができます。簡易な施設の設置や農地造成については、届出のみ必要となります。

　生産緑地の解除については、①生産緑地指定後30年経過、②病気などの理由で農業に従事できない場合、③本人が死亡し、相続人が農業に従事しない場合のいずれかに該当すれば次の手続で生産緑地の指定を解除できます。
　１．農業委員会に買取申し出を行う。
　２．買取希望照会をする。
　３．農業従事者に買取斡旋をする。
　４．生産緑地が解除される。

（参考：国税庁ホームページ「タックスアンサー」「財産の評価」生産緑地の評価）

第3章　相続財産の評価

8　広大地（市街化調整区域）(平成29年12月31日以前)

Q 市街化調整区域内に宅地があります。その土地は、自宅として利用しています。この場合、広大地評価は適用できますか。

A

　市街化調整区域は、市街化を規制する区域であり原則開発ができません。したがって、開発ができない土地については、広大地評価の適用ができないこととなっています。しかし、自宅としての宅地であれば、一定の地域においては、開発許可が下りる場合がありますので、その開発許可が認められるのであれば課税時期が平成29年12月31日以前の場合、広大地評価の適用が可能となります。なお、市街化調整区域内で開発行為を行う場合には、建ぺい率、容積率、1戸の画地の最低敷地面積等が決められていますので、その開発基準に沿って広大地評価の検討をすることとなります。

●●●●●●●●●●●●●●●●●●　解　説　●●●●●●●●●●●●●●●●●●

　市街化調整区域の開発行為については、平成12年の「都市計画法及び建築基準法の一部を改正する法律」により、「条例指定区域内の土地」と「それ以外の区域内の土地」に区分し、開発行為条件が整備されました。市街化調整区域内の土地の広大地の判定において、以下のように区分されています（都市計画法34）。

(1)　条例指定区域内の土地

　「条例指定区域内の土地」とは、「市街化区域に隣接し又は近接し、かつ、自然的社会的諸条件から市街化区域と一体的な日常生活圏を構成していると認められる地域であっておおむね50戸以上の建築物が連たんしている地域」のうちの「都道府県の条例で指定する区域」とされています。

　その区域においては、都道府県知事は、開発区域及びその周辺の地域の環境の保全上支障があると認められる用途として都道府県の条例で定めるものに該当し

ないものについて開発許可をすることができるとなっていますので、開発行為が可能な土地は広大地評価の適用があるものとされています。

(2) それ以外の区域内の土地

「それ以外の区域内の土地」については、原則として周辺地域住民の日常生活用品の店舗や農林漁業用の建築物などの一定の目的以外の建築物を前提とした開発行為ができないことから、開発行為を前提とする広大地の評価はできないこととなります。

(参考：国税庁ホームページ「質疑応答事例」「財産の評価」市街化調整区域内における広大地の評価の可否)

9　市街化区域の純山林評価

Q　市街化区域内において急傾斜の山林があります。市街化区域内の土地は、宅地比準方式で評価することとなりますので、近接する路線価を利用して評価すると宅地並み評価となり、土地の評価額が高額となります。そのような山林の場合、何か評価方法はありますか。

A

市街地山林とは、市街化区域内にある山林をいいます。市街地山林は原則として、近隣の宅地の価額を基に宅地造成費に相当する金額を控除して評価額を算出する「宅地比準方式」により評価します。

しかし、宅地への転用のために多額の造成費がかかる市街地山林や、急傾斜地などそもそも宅地への転用が見込めない市街地山林に対して宅地比準方式で評価することは適していません。このような場合は、近隣の純山林の価額を基に評価することとされています。

● ● ● ● ● ● ● ● ● ● ● **解　説** ● ● ● ● ● ● ● ● ● ● ●

(1)　宅地転用が見込めないかどうかの判断

評価する市街地山林について、宅地への転用が見込めないかどうかを判断するに当たっては、次によることになります。

　(1)　宅地化するには多額の造成費がかかるなど、経済合理性から判断する場合
　(2)　宅地化することが不可能である急傾斜地など、形状から判断する場合

(2)　経済合理性から判断する場合

宅地化するために多額の造成費がかかる場合は、宅地としての価額より宅地造成費のほうが高くなり、宅地比準方式で評価すると評価額がマイナスになることが考えられます。この場合は、宅地造成をしても造成費が回収できずに損失を被ることになるため、現状のまま放置されてしまうことが多いでしょう。ただし、

宅地比準方式による評価額がマイナスになったからといって、その市街地山林が無価値になるわけではなく、純山林としての価値はあります。

したがって、宅地比準方式により評価した市街地山林の価額が純山林としての価額を下回る場合には、経済合理性の観点から宅地への転用が見込めない市街地山林に該当すると考えられます。

宅地への転用が見込めない市街地山林の価額は、近隣の純山林の価額を基に評価することとなっています。近隣の純山林とは、評価対象地からみて最も近い場所にある純山林をいいます。その純山林の価額については、その土地の所在する所轄税務署に問い合わせると確認することができます。

(3) 形状から判断する場合

宅地造成が不可能である急傾斜地かどうかを判断するに当たっては、「急傾斜地の崩壊による災害の防止に関する法律」において急傾斜地の定義を傾斜度が30度以上である土地としていることから、この定義を参考にすることが考えられます。しかし、傾斜度が30度未満であったとしても、宅地造成ができるかどうかは地質、地形、位置等によって異なるため、地域の実情に応じて個別に判断することとされています。

宅地造成が不可能な土地は、そもそも宅地比準方式を適用する前提を欠いているため、近隣の純山林としての価額を基に評価することになります（財基通49）。

なお、新設された「地積規模の大きな宅地」の評価においては、宅地造成が不可能な土地は、対象とならないこととされています。

コラム　公簿面積と実測面積

評価通達では、評価地積は課税時期における実際の面積となっています。

したがって、土地の評価において必ず実測をする必要があるのかとの疑問があります。

実務上は、登記簿面積と実際の面積が異なっていた場合は、必ずしも実測をする必要はありません。住宅地図、公図、周辺の実測図（法務局出張所で周辺の実測図を閲覧、コピーできます。）、道路台帳等で実際の面積を把握する方法があります。それらの資料で実際の面積を概測すれば十分とされています。

なお、山林については縄伸びが多く、立木に関する実地調査の実施、航空写真による地積の測定、その地域における平均的な縄伸び割合の適用等により実際の面積を把握することもできます。

また、市街化区域内の宅地、農地については、平成17年までに分筆された土地は、元番の面積が実際の面積と異なる場合が多いので注意を要します。これは、土地を分筆する場合、平成17年2月までは、分筆する土地のみを求積して元番から控除して分割登記していたので、元番の面積は求積されていなかったからです。平成17年3月以降不動産登記法が改正され、地番全体の面積を求積しないと分筆ができないこととなっているので、分筆されている土地は、ほぼ正確な面積となっています。

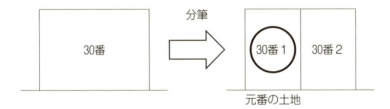

10　市街化調整区域の雑種地の評価

Q 市街化調整区域内に駐車場があります。課税地目は、雑種地となっています。その土地の評価は、どのようにすればよいですか。

A

　市街化調整区域内の雑種地は、付近の市街化調整区域内の宅地価格から比準して評価することとなります。その場合、市街化調整区域内の雑種地においては、建築不可の土地があります。建築不可の土地については、斟酌割合として50％の減価ができます。

●●●●●●●●●●●●● 解　説 ●●●●●●●●●●●●●

市街化調整区域内の雑種地の評価方法は以下の通りとなっています。

| 雑種地と状況が類似する土地の価額(注1) | × | 画地調整等による補正(注2) | × | 法令等の規制による斟酌 | × | 地積 |

（注1）　雑種地と状況が類似する地目は、宅地、農地、山林、原野があります。道路に面している雑種地であれば宅地、道路に面していない土地については、宅地以外の地目が考えられます。

（注2）　画地調整等による補正は、宅地比準の場合、その比準宅地価格に時点修正、普通住宅地区にあるものとしての奥行価格補正、不整形地補正等が利用できます。

（注3）　法令等の規制とは、市街化調整区域内の土地においては、開発規制があり、雑種地であっても建物が建築できない土地、現況用途で転売できない土地等の制限があり、建築が禁止されている土地については、斟酌割合として50％、建築制限がある土地については30％の減価が可能となっています。
　　　　建築制限のある土地としては、分家住宅があります。分家住宅とは市街化調整区域内の農地に家族の自宅を建築する場合は、その家族のみの自宅使用であれば宅地として利用できますが、第三者に土地を譲渡をしたならば買主は住宅として利用できないこととなっています。

（参考：国税庁ホームページ「タックスアンサー」「財産の評価」市街化調整区域内の雑種地の評価）

11　高低差、忌地等の評価減がある場合

Q 評価する土地に高低差があります。その場合、高低差のある土地の減価はできますか。

また、評価する土地の隣地にお墓があります。その場合、忌み施設として減価はできますか。

A

評価する土地に高低差がある場合には、原則評価減ができますが、一定の条件があります。
① 道路面に対して高低差がある場合で、
② 周辺の土地の状況からみて著しく高低差があり、
③ その高低差により市場価値が著しく低下しているものと認められるもの
④ なお、路線価又は倍率が、高低差を考慮して付されている場合には評価減はできません。

また、お墓については、お寺や霊園等の墓地などの広大な墓地と単なる被相続人一家の小さな墓地とで取扱いが異なります。通常不動産市場においては、小さな墓地については、あまり価格に影響を与えないものとして取り扱われます。一方、大きな墓地は、お線香の臭いや墓地回りは人気がなく暗いことから土地取引に影響があるとされています。したがって、単に墓地があるからという理由での減価は認められません。その墓地が不動産の取引に影響があるかどうかを検討することとなります。その影響があるかないかは、地元の不動産業者の意見を聞いて、意見書を取るのも有効な方法となります。

●●●●●●●●●●●●●●● 解　説 ●●●●●●●●●●●●●●●

高低差、騒音、忌地等の土地、いわゆる「利用価値が付近にある他の宅地の利用状況からみて、著しく低下していると認められる」土地については、原則10％の減価ができます。

この減価は、何でも認められるかというとそうではありません。
　基本的には、付近の宅地の利用状況からみて著しく低下していることを立証しなければなりません。高低差であれば、隣接地や道路の反対側の土地が対象地と高低差があるのかないのか、その高低差が価格に相当影響しているのかを立証することとなります。単に、高低差があるからといって減価しても原則認められません。
　専門家である不動産鑑定士、不動産業者等の意見書を取り、立証することとなります。

(参考：国税庁ホームページ「タックスアンサー」「財産の評価」利用価値が著しく低下している宅地の評価)

12 小作地の調査、判断

Q 市街化調整区域内の農地で農地法の許可を受けないで長期間にわたり他人に耕作させた農地は、小作地として評価できますか。

A

　農地については、農地法により厳格に管理されています。その第3条において、市区町村の許可を得ずに第三者に農地を賃貸することができないと規定されています。農地法は強行規定であり、農地法に違反すればその行為は無効となります。したがって、農地法上の許可を受けないで長期間にわたり他人に耕作させた農地は、小作地として評価できません。自用の農地として評価することとなります。

●●●●●●●●●●●●●　解　説　●●●●●●●●●●●●●

　農地法は、国内の農業生産の基盤である農地が現在及び将来における国民のための限られた資源であり、かつ、地域における貴重な資源であることに鑑み、耕作者自らによる農地の所有が果たしてきている重要な役割も踏まえつつ、農地を農地以外のものにすることを規制するとともに、農地を効率的に利用する耕作者による地域との調和に配慮した農地についての権利の取得を促進し、及び農地の利用関係を調整し、並びに農地の農業上の利用を確保するための措置を講ずることにより、耕作者の地位の安定と国内の農業生産の増大を図り、もって国民に対する食料の安定供給の確保に資することを目的としています。

　農地法で規制するのは、農地及び採草放牧地です。「農地」とは、耕作の目的に供される土地をいいます。「採草放牧地」とは、農地以外の土地で、主として耕作又は養畜の事業のための採草又は家畜の放牧の目的に供されるものをいいます。これらは、現況で判断され、登記簿上の地目は関係ないとされています。したがって、農地の利用については、農地の売買、転用について厳しい規制がかけられています。

（参考：国税庁ホームページ「質疑応答事例」「財産評価」農地法の許可を受けないで他人に耕作させている農地の評価）

13　名寄帳に載っていない土地の調査

Q 父（A）が亡くなりましたが、祖父（B）の土地の一部が未分割の状態となって残っています。その土地についてどのように調査すればよいですか。

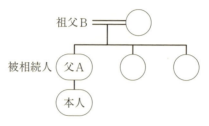

A

解説参照

━━━━━━━━━━━━━━ 解　説 ━━━━━━━━━━━━━━

　相続申告の場合、被相続人の出生から死亡までのすべての「戸籍謄本」、「改製原戸籍謄本」を取ることとなっています。被相続人の相続手続を進めている間に、その被相続人の先代（相続人の祖父）の名義となっている土地が見つかるというケースがよくあります。この場合、その土地は、祖父の相続人（今回の被相続人Aとその兄弟姉妹）に相続する権利があるため、未分割財産としてその相続の法定持分を今回死亡したAの財産として申告する必要があります。

　なお、Aに係る相続税の申告後に、その祖父名義の土地の遺産分割をAの兄弟姉妹若しくはその代襲相続人が行い、結果的にAが相続しないこととなった場合には、更正の請求をすることとなりますし、その土地を全部相続した場合は、修正申告をする必要があります。

　したがって、被相続人のすべての戸籍謄本を取り、祖父Bの住所を調べ、そのBの住所の所在地を管轄する市区町村に固定資産税の名寄帳を申請し確認することとなります。

14　鑑定評価を行う場合

Q　土地の相続税評価額を計算しましたが、周辺の相場よりも高いように思います。その場合、不動産鑑定士による鑑定評価で申告ができると聞いています。どのような場合に鑑定評価が使えますか。また、鑑定評価を利用する場合の留意点を教えてください。

A

相続税法第22条により、相続税申告に当たり、その土地の評価は、原則は「当該財産の取得の時の価額」、いわゆる「時価」により申告することとなっています。しかし、納税者にとって鑑定評価等で時価を把握するには、費用と時間がかかることとなります。また、課税庁においても全国的に評価を画一的にしなければ課税の公平性を保つことができません。そこで、課税庁においては、評価の画一性、迅速性、簡便性のために評価通達によって評価したものを「時価」とみなしています。

したがって、基本的には、相続税申告における土地評価は、評価通達によって評価することとなりますが、評価通達総則6において「この通達の定めによって評価することが著しく不適当と認められる財産の価額」については、相続税法第22条による「時価」によって評価できることとなっており、その「時価」については、鑑定評価額により申告ができることとなっています。

ただし、鑑定評価額によるのは評価通達に基づき評価した相続財産の価額(相続税評価額)が、相続開始時におけるその財産の時価を相当上回っているような特別な事情が必要となります。そのため相続税評価額が時価よりも相当上回ることを証明するために鑑定評価書を添付して申告することとなります。

●●●●●●●●●●●●● 解　説 ●●●●●●●●●●●●●

　以上のように評価通達の時価概念と鑑定評価における時価概念は異なっています。

　評価通達の時価概念で鑑定評価と異なる主なものは以下の通りです。

(1)　評価通達における旧広大地の評価。鑑定評価では旧広大地の評価減による価格までは下がらず、鑑定評価することが困難となっています。

(2)　評価通達における貸家建付地のような評価減は、鑑定評価にはありません。

(3)　評価通達では借地権＋底地＝更地となっていますが、鑑定評価では借地権＋底地≦更地となり、借地権、底地は、単独で評価することとなります。

(4)　評価通達では建物の評価と土地の評価は、各々単独で評価することとなりますが、鑑定評価では建物付土地の評価においては、土地と建物を一体評価して区分する方法を取りますので、評価手法は異なります。

(5)　鑑定評価では、土地の収益価格をも重視しますが、評価通達では、原則土地の収益価格は対象外とされています。

(6)　評価通達では、土地の評価利用単位が厳密に決められていますが、鑑定評価においては、売買を前提として宅地、雑種地、農地等が隣接する場合は、一体評価することとなり、その鑑定評価の範囲が広くなっています。

(7)　評価通達では土地の評価が時価よりも高くなる場合があります。

　そこで、鑑定評価による時価申告が可能な土地は以下のようなものが考えられます。

　　①　著しく不整形な土地、三角地
　　②　著しく狭小な土地、帯状地
　　③　市街化調整区域の雑種地（建築不可の土地）

④ 市街化区域の傾斜のある山林、原野
⑤ 旧広大地の適用がない市街化区域内の土地
⑥ 旧広大地の適用がない市街化調整区域の土地
⑦ 建築基準法の道路に面していない土地
⑧ 路地状敷地
⑨ 高低差、傾斜のある土地
⑩ 借地権・底地
⑪ 「地積規模の大きな宅地」の評価において、1,000㎡以上の規模の大きな土地で不整形な土地については、「地積規模の大きな宅地」の補正率を適用した相続税評価額が時価を超える場合があります。

Ⅳ 小規模宅地等の特例

1 小規模宅地等の特例

Q 小規模宅地等の特例を利用すると、相続税の軽減ができると聞いています。その小規模宅地等の特例とは、どのようなものですか。

A

被相続人が所有していた居住用宅地、事業用宅地、貸付用宅地については、相続税法では、小規模宅地等の特例として、相続において相続人の居住や事業の継続を保障するために一定の選択をしたもので限度面積までの部分については、評価減が認められています。

この特例を受けると宅地等についての相当な評価減を受けることができますので、相続税申告において活用できます。なお、この特例は、遺産分割が終了し、申告において対象となる宅地等を取得することが可能な相続人全員の合意が必要となります。

●●●●●●●●●●●● 解 説 ●●●●●●●●●●●●

適用対象となる小規模宅地等は以下の4種類です。
1．特定居住用宅地等（住宅用地として使っている土地）
2．特定事業用宅地等（事業で使っている土地）
3．貸付事業用宅地等（人に貸している土地）
4．特定同族会社事業用宅地等（同族会社の事業に使っている土地）

小規模宅地等の減額割合、限度面積等は以下の通りです。

第3章　相続財産の評価

相続開始直前の状況	取得者	継続要件（申告期限まで）		減価割合	対象面積
		保有	居住又は事業		
特定居住用宅地等	配偶者			80%	330㎡
	同居親族	継続	継続	80%	330㎡
	別居親族	継続		80%	330㎡
特定事業用宅地等	親族	継続	継続	80%	400㎡
貸付事業用宅地等	親族	継続	継続	50%	200㎡
特定同族会社事業用宅地等	役員である親族	継続	継続	80%	400㎡

(1) 「特定居住用宅地等」が受けられる場合

1．被相続人の配偶者がその宅地等を取得した場合

2．被相続人と同居している親族がその宅地等を取得した場合で、相続開始時から相続税の申告期限までその土地を保有し、かつ、相続開始の直前から相続税の申告期限まで引き続き居住している場合

3．平成30年４月１日以後は被相続人と同居していない親族が、その宅地等を取得した場合で、被相続人に配偶者や同居していた親族がおらず、かつ、相続開始前３年以内に取得者又はその配偶者、取得者の三親等内の親族又は取得者と特別の関係がある一定の法人が所有する家屋に居住しておらず、かつ、相続開始時に、取得者が居住している家屋を相続開始前のいずれの時においても所有していたことがなくその宅地等を相続税の申告期限まで保有している場合（相続開始の時に日本国内に住所がなく、かつ、日本国籍を有していない人は除かれます）（**4**　家なき子と小規模宅地の特例、122ページ参照）

4．被相続人が介護医療院等に入院したことにより、被相続人の居住の用に供されなくなった家屋の敷地の用に供されていた宅地等も、小規模宅地等の特例の対象に含められます。

要件に適合すれば、330㎡まで80％減額となります。

(2) 「特定事業用宅地等」が受けられる場合

特定事業用宅地として特例が受けられる要件は次のものになります。不動産貸付業、駐車場業、自転車駐車場業及び準事業は含まれません。
1. 被相続人が事業の用に供していた宅地等で相続人が事業を引き継ぎ、申告期限まで営業し、かつその宅地等を所有する場合
2. 被相続人と生計を一にする親族が事業の用に供していた宅地等で、その親族が事業を相続開始前から申告期限まで引き続き営業し、その宅地を所有する場合

要件に適合すれば、400㎡まで80％減額となります。

(3) 「貸付事業用宅地等」が受けられる場合

相続開始の直前において被相続人等の事業（不動産貸付業、駐車場業、自転車駐車場業及び準事業に限ります。以下「貸付事業」といいます。）の用に供されていた宅地等（平成30年4月1日以後の相続又は遺贈により取得した宅地等については、その相続の開始前3年以内に新たに貸付事業の用に供された宅地等（「3年以内貸付宅地等」といいます。）を除きます。）で、一定の要件に該当する被相続人の親族が相続又は遺贈により取得したものをいいます。

小規模宅地等の特例の対象となる宅地等は、建物の敷地又は構築物の敷地となっている必要があります。したがって、構築物等の施設のない駐車場、いわゆる青空駐車場は特例の対象にはなりません。なお、更地の状態で駐車場事業者に貸付をし、借り受けた事業者が設置した車止めや精算機などの設備及びアスファルト舗装等が構築物として認められれば、貸付事業用宅地として特例が受けられます。また、砂利敷き駐車場の砂利も構築物に該当する場合もあります。ただし、砂利の量が少なかったり、砂利が埋没して地面が露出した状態の場合は、構築物とみなされません。ケースバイケースです。

要件に適合していれば200㎡まで50％減額となります。

(4) 「特定同族会社事業用宅地等」を受けられる場合

特定同族会社の事業（不動産貸付事業、駐車場業、自転車駐車場及び準事業は

含まれません）の用に供されている宅地等で、その法人の役員である親族が取得した場合には、400㎡まで80％減額になります（一定の法人の事業の用に供されている部分で一定の要件に該当する被相続人の親族が相続又は遺贈により取得した持分の割合に応ずる部分に限られる。）。

〈適用の要件〉
1. 相続開始の直前まで、
2. 特定同族会社の事業の用に供されていた宅地等で、
3. 相続開始時から申告期限において、当該被相続人の親族（申告期限に同族会社の役員であることが必要）が、
4. 申告期限までその事業を継続しており、
5. その宅地等を申告期限まで所有している場合

　（注）　小規模宅地の併用する場合の限度面積
　　① 特定事業用等宅地等しか受けない場合　　　限度面積400㎡
　　② 特定居住用宅地等しか受けない場合　　　　限度面積330㎡
　　③ 貸付事業用宅地等しか受けない場合　　　　限度面積200㎡
　　④ 特定事業用等宅地等及び特定居住用宅地等を併用する場合
　　　限度面積730㎡
　　⑤ 貸付事業用宅地等及びそれ以外の宅地等を併用する場合
　　　限度面積　（①×200／400＋②×200／330＋③）≦200㎡

2　2世帯住宅と小規模宅地の特例

Q この度、父親が長男夫婦と同居するため木造2階建の2世帯住宅を建築し、1階部分を父親が自宅として利用し、2階部分を長男夫婦が自宅として利用しています。この場合、父親が死亡した時には、特定居住用宅地等として小規模宅地の評価減が使えますか。

A

　2世帯住宅の場合においては、その建物が区分所有の登記をしているかどうかで特定居住用宅地等として小規模宅地の特例を受けられるか受けられないかの判定となります。
　その建物が1階部分（父親が居住）と2階部分（長男夫婦居住）を区分所有登記していれば同居となりませんので小規模宅地の特例は受けられません。

● ● ● ● ● ● ● ● ● ● ● ● ● 解　説 ● ● ● ● ● ● ● ● ● ● ● ● ●

〈2世帯住宅と小規模宅地の特例〉

　2世帯住宅については、平成25年の税制改正により平成26年からその建物が区分所有登記をしていなければ、1階部分に父親が居住、2階部分に長男夫婦居住していても同居とみなされ、全体の建物の敷地が特定居住用宅地として特例の対象となります。

パターン①　完全分離型2世帯住宅（区分所有登記なし）

特定居住用宅地等の特例あり

パターン②　完全分離型２世帯住宅（建物区分所有あり）

パターン③　非分離型２世帯住宅（建物区分所有なし）

3　老人ホームと小規模宅地の特例

Q 父親が老人ホームに介護のために入居し死亡しました。この場合、自宅としていた宅地について小規模宅地の評価減が使えますか。

A 被相続人が老人ホーム等に入居中に死亡した場合、一定の要件により特定居住用宅地等の小規模宅地の特例が受けられます。その特例については、地積330㎡まで80％の評価減が認められます。

・・・・・・・・・・・・　解　説　・・・・・・・・・・・

被相続人が老人ホーム等に入居中に死亡した場合、次の状況が客観的に認められれば特例が適用されます。

1．相続開始時点において介護保険法に規定する要介護認定又は要支援認定を受けていること。
2．その自宅を被相続人等以外の者の居住の用に供した事実がないこと（同一生計親族については問題ありません）。
3．下記の住居又は施設に入居していたこと
・認知症対応型老人共同生活援助事業が行われる住居（老人福祉法第5条の2第6項）
・養護老人ホーム（老人福祉法第20条の4）
・特別養護老人ホーム（老人福祉法第20条の5）
・軽費老人ホーム（老人福祉法第20条の6）
・有料老人ホーム（老人福祉法第29条第1項）
・介護老人保健施設（介護保険法第8条第28項）
・介護医療院（介護保険法第8条第29項）
・サービス付き高齢者向け住宅（上記の有料老人ホームを除く、高齢者の居住の安定確保に関する法律第5条第1項）

・障害者支援施設・共同生活援助を行う住居（障害者総合支援法第５条第11項、15項）

　なお、特例の適用を受けるためには、相続税の申告書を提出する必要があります。相続税が生じなかった場合でも、この特例を受けた結果、納税額がなくなったという場合には、申告書を提出する必要があります。

4　家なき子と小規模宅地の特例

Q 妻と私は父親と別居して、賃貸マンションに住んでいます。この度、父親が亡くなり、父親の自宅を相続することとしました。私は、自宅を持っていません。このような場合、通称「家なき子」として、特定居住用宅地等の小規模宅地の特例を受けられる場合があると聞いています。その「家なき子」の特例について教えてください。

A

同居していない父親の自宅を相続したならば、一定の要件のもとに特定居住用宅地等に該当し、小規模宅地の評価減として地積330㎡まで80％の評価減が認められます。

●●●●●●●●●●●●● 解　説 ●●●●●●●●●●●●●

特定居住用宅地等の特例について、租税特別措置法第69条の4第3項において、相続開始前3年以内に日本国内にある自己又は自己の配偶者の所有する家屋（相続開始の直前において被相続人の居住の用に供されていた家屋を除く）に居住したことがない親族においては、通称「家なき子」として、被相続人の居住用宅地について特別に特定居住用宅地等の特例を受けることができることとなっています。

その要件は、以下の通りです。
① 被相続人に配偶者がいないこと
② 相続開始時において被相続人の居住用に供していた自宅に、同居している親族（相続人を含め、6親等以内の親族、3親等以内の姻族）がいないこと
③ 相続開始前3年以内に日本国内にある自己又は自己の配偶者の所有する家屋（相続開始の直前において被相続人の居住の用に供されていた家屋を除く）に居住したことがないこと
④ その宅地等を相続税の申告期限まで有していること

⑤ 相続開始の時に日本国内に住所を有していること、又は日本国籍を有していること

しかし、この特例を過度に適用している例が目立つために平成30年税制改正により規制がかけられました。

その内容については、以下のようになります。

持ち家に居住していない者に係る特定居住用宅地等の特例の対象者（通称「家なき子」）の範囲から、次に掲げる者を除外する。

　イ　相続開始前3年以内に、その者の3親等内の親族又はその者と特別の関係のある法人が所有する国内にある家屋に居住したことがある者
　ロ　相続開始時において居住の用に供していた家屋を過去に所有していたことがある者

ただし、この特例については、経過措置が設けられており、平成30年3月31日までに改正前の要件に該当する場合には、平成32（2020）年3月31日までに相続により取得すれば、特定居住用宅地等に該当することとなっています。

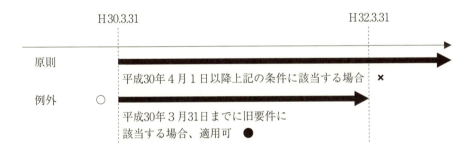

5　貸付事業用宅地の改正

Q 平成30年の相続から小規模宅地の特例のうち、貸付事業用宅地の改正がありましたが、その内容を教えてください。

A 被相続人が所有し、貸付されていた建物の敷地、構築物の敷地等については、一定の要件により小規模宅地の評価減として地積200㎡まで50％の評価減が認められていました。しかし、その貸付事業用については、いままで範囲が広く適用されていたことで課税の公平性から問題があり、相続開始前3年以内に取得した土地等が適用対象外とされ、また、原則事業的規模の貸付に限定されました。

●●●●●●●●●●●●● 解　説 ●●●●●●●●●●●●●

〈貸付事業用宅地等の改正〉

平成30年4月1日以降の相続等について、貸付事業用宅地等の改正が行われました。

改正の内容は、以下の通りとなります。

① 貸付事業用宅地等の範囲から、相続開始前3年以内に貸付事業の用に供された宅地等を除外する。

② 相続開始前3年を超えて事業的規模で貸付事業を行っている者が当該貸付事業の用に供しているものを①の対象から除く。

〈具体的な適用例〉

(1) 平成30年3月31日までに取得している不動産

(2) 平成30年4月1日以降取得した不動産

(3) 平成30年4月1日以降取得した不動産で貸付事業的規模

(4) 平成30年4月1日以前と以後に連続して取得している不動産

（A不動産該当、3年縛りなし）

（B不動産 H33(2021).3.31まで相続3年以内対象外、3年超事業的規模該当）

(注) ここでいう「事業的規模」については、所得税の不動産所得における「貸家が5棟又は貸室が10部屋以上」の特定貸付事業が該当することとなっています。
　　なお、判定については、複雑になっていることから、税理士との相談が必要です。

6　自宅敷地に農業用の宅地（特定事業用）がある場合

Q 市街化調整区域内の自宅敷地周りの畑に農業用の施設用地があります。その場合どのように評価すればよいですか。また、その農業用施設用地について特定事業用宅地として小規模宅地の評価減が適用できますか。

A

　農業用施設用地とは、畜舎、蚕室、温室、農産物集出荷施設、農機具収納施設などの用に供されている土地をいいます。その土地については、農地であるとした場合の1㎡当たりの評価額に通常必要とされる造成費を加算して評価することとなります。

・・・・・・・・・・・・・・・・・　解　説　・・・・・・・・・・・・・・・・・

　農業用施設用地は、建物の敷地の用に供していますので現況地目は宅地となりますが、市街化調整区域内の農地は、都市計画法等で用途規制が厳しいので、その土地は農業用施設に限定されており、原則、建築不可となっていることから周辺の農地の価格の影響を受けることとなります。

　また、平成12年度の固定資産税評価の改正により農用地区域内等に存する農業用施設用地の固定資産税評価額は、従来の標準宅地に比準した価額から、原則として、付近の農地の価格に造成費相当額を加算した金額によって評価するとされたことから、相続税評価においても一般の宅地とは異なる評価方法が採用されることとなりました。

　したがって、付近の農地の価格にその農地を農業用施設用地に造成するとした場合における、通常必要と認められる造成費相当額を加算した金額によって評価します。

　なお、この造成費相当額は、毎年国税局長が公表する決められた宅地造成費を使用します。

また、温室等の農業用施設が構築物のようなもので建物に該当しない場合でも評価通達24-5で規定する農業用施設用地の評価方法に準じて評価することとなります。

　農業用の宅地については、特定事業用として小規模宅地の評価減の対象となります。

(参考：国税庁ホームページ「質疑応答事例」「財産評価」農業用施設用地の評価)

7 居住用、事業用、貸付用の選択基準

Q 相続する土地に小規模宅地として特定居住用宅地、特定事業用宅地、貸付用宅地があります。平成27年からその選択基準が変更されたと聞いています。どのような変更がされましたか。有利不利の選択はどうするのですか。

A

平成27年1月1日以降の相続においては、特定居住用宅地、特定事業用宅地、貸付用宅地の選択基準が以下のように変更されました。

〈面積基準〉

	平成26年まで	平成27年以降
特定居住用宅地	240㎡	330㎡
特定事業用宅地	400㎡	400㎡
貸付用宅地	200㎡	200㎡

〈選択基準（平成27年以降）〉

(1) 特定居住用宅地（A）＋特定事業用宅地（B）
　　＝330㎡（A）＋400㎡（B）＝730㎡
(2) 特定居住用宅地（A）＋貸付用宅地（C）
　　＝（A）×200／330＋（C）≦200㎡
(3) 特定事業用宅地（B）＋貸付用宅地（C）
　　＝（B）×200／400＋（C）≦200㎡
(4) 特定居住用宅地（A）＋特定事業用宅地（B）＋貸付用宅地（C）
　　＝（A）×200／330＋（B）×200／400＋（C）≦200㎡

以上のように、特定居住用宅地と特定事業用宅地のみを選択すると最大730㎡

まで小規模宅地の評価減が受けられますが、貸付用宅地を併用選択すると最大で200㎡しか受けられませんので注意を要します。

特に農家であれば特定事業用宅地の選択が重視されるので、貸付用宅地を併用選択するかどうかは重要なポイントとなります。

● ● ● ● ● ● ● ● ● ● ● ● 解　説 ● ● ● ● ● ● ● ● ● ● ● ●

平成26年までの併用選択基準は以下の通りでした。

(1) 特定居住用宅地（A）＋特定事業用宅地（B）
  ＝（A）×400／240＋（B）≦400㎡
(2) 特定居住用宅地（A）＋貸付用宅地（C）
  ＝（A）×200／240＋（C）≦200㎡
(3) 特定事業用宅地（B）＋貸付用宅地（C）
  ＝（B）×200／400＋（C）≦200㎡
(4) 特定居住用宅地（A）＋特定事業用宅地（B）＋貸付用宅地（C）
  ＝（A）×400／240＋（B）＋（C）×400／200≦400㎡

以上のように、小規模宅地の評価減における対象となる特定居住用宅地、特定事業用宅地、貸付用宅地については、平成27年より居住用土地の面積の拡大が図られ、相続人の居住用継続がスムーズにできるよう配慮されていますが、賃貸アパート用地、駐車場用地については、貸家建付地等の評価減から外れることから、逆に、小規模宅地の評価減が厳しくなっています。

第4章

相続準備・資産管理

Ⅰ 贈与の活用

1 暦年課税

Q 今年から子供2人と孫5人へ毎年100万円ずつの現金を贈与するつもりです。これらの贈与した財産でも、相続になった時に相続税がかかる場合があるそうですが、どのような場合でしょうか。

A 相続又は遺贈により財産を取得した人が、その相続の開始前3年以内に被相続人から贈与により財産を取得している場合には、その贈与を受けた財産の贈与時の価額を、相続税の課税価格に加算して相続税の計算をすることになっています。

●●●●●●●●●●●●●● 解　説 ●●●●●●●●●●●●●●

　贈与税は相続税の補完税と考えられ、相続税の前払であるともいわれています。相続又は遺贈によって財産を取得した者が、その相続の開始前3年以内にその相続に係る被相続人から贈与により財産を取得したことがある場合は、その者については、その贈与によって取得した財産（非課税財産及び贈与税の配偶者控除の適用を受けた財産は除きます。）の価額を相続税の課税価格に加算して、相続税の総額を計算することになります（相法19）。この場合の課税価格に加算される贈与財産の価額は、相続の日の時価ではなく、贈与の時における時価により評価した価額になります（相基通19－1）。また、その加算される贈与財産について贈与税が課税されているときは、その加算贈与財産に対応する贈与税額は控除されます。

　なお、相続又は遺贈によって財産を取得した者が、その相続の開始の年の1月1日から相続開始の日までの間に、その相続に係る被相続人から財産の贈与を受けた場合には、その贈与財産の価額については、相続税の課税価格に加算される

ものについては、贈与税は課税されないこととなります（相法21の2④）。

この規定は、相続又は遺贈によって財産を取得した者について適用されますので、相続の開始によって被相続人から相続又は遺贈により財産を取得していない者については、相続開始前3年以内に被相続人から贈与を受けていた場合でも相続税の課税価格には加算されず、贈与税が課税されます。

このケースでは、子及び孫が相続又は遺贈によって財産を取得した場合には、各年の受贈額が110万円の基礎控除額以下であり贈与税がかからなかった場合でも、相続開始から3年以内の贈与であれば、相続財産に加算することになります。

逆に考えれば、相続開始前3年を超えていれば相続財産として加算する必要がなく、また、相続や遺贈によって財産を取得していない者については相続開始前3年以内の贈与であっても加算する必要がありません。

贈与税の負担がないように、贈与税の非課税額以下の贈与を行う方法は多くの方が実行されていますが、相続税に係る税率と贈与税の税率との差を考慮することで、贈与税と相続税を併せた納税額の減少が可能になります。

しかし、10年間にわたって毎年100万円ずつ贈与を受けることが、贈与者との間で約束されているような贈与については、1年ごとに贈与を受けると考えるのではなく、約束をした年に、定期金に関する権利（10年間にわたり毎年100万円ずつの給付を受ける権利）の贈与を受けたものとして贈与税がかかりますので注意が必要です。

〈参考〉

　生前贈与を行った場合に、相続税と贈与税の納税額がどのようになるか試算してみます。

　資産は10億円とし、債務は考慮しません。

　配偶者は既に亡くなっていて相続人は子供2名です。孫が3名います。

〈生前贈与をしなかった場合〉

　相続税の納税額は3億9,500万円なので手残りは6億500万円です。

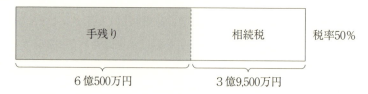

〈生前贈与をした場合〉

　孫3名へ年間200万円ずつの金銭を5年間贈与した場合、贈与税は合計で135万円です。贈与を行ったことで合計3,000万円が相続財産から減少しますので、相続財産は9億7,000万円（他の財産の異動は考えません）となり、その時点での相続税は3億8,000万円です。贈与税・相続税を差し引いた手残りの金額は6億1,865万円（贈与した3,000万円から贈与税を差し引いた金額を含む）で、生前贈与をしなかった場合より1,365万円増加することになります。

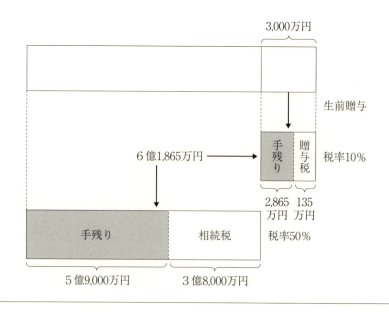

2　贈与税の配偶者控除

Q　私は、私が所有する土地・建物に妻及び長男家族と同居しています。長男へはこの家屋を贈与し、婚姻期間が20年を超えた妻へはこの家屋の敷地を贈与したいと考えています。このように土地と建物を別々の者に贈与することは、妻が贈与税の配偶者控除を受けるうえで問題はないでしょうか。

A

妻が自己の居住の用に供する家屋の「敷地のみの贈与」を受けた場合で、家屋の所有者が夫以外であっても妻と同居する親族であれば、妻が贈与を受けた敷地については贈与税の配偶者控除の適用対象とされます。

● ● ● ● ● ● ● ● ● ● ● ● ● 解　説 ● ● ● ● ● ● ● ● ● ● ● ● ●

　贈与税の配偶者控除の制度は、夫婦の財産は夫婦間の協力によって形成されたものであるとの考え方から夫婦間においては一般に贈与という認識が薄いことや、配偶者の老後の生活保障を意図して贈与される場合が多いことを考慮して設けられたと考えられています。

　この制度は、婚姻期間が20年以上の配偶者から、国内にある居住用の土地、借地権などの権利あるいは家屋（居住用不動産）、又はこれらの居住用不動産を取得するための金銭の贈与を受けた場合には、一定の要件の下、贈与財産の価額から2,000万円までの金額を控除できるというものです（相法21の6）。

　その適用については、一定の要件を満たしているものに限定することが課税の公平上望ましいとされています。

　贈与税の配偶者控除の特例を受けるための適用要件は以下の通りです。
(1)　夫婦の婚姻期間が20年を過ぎた後に贈与が行われたこと
(2)　配偶者から贈与された財産が、自分が住むための国内の居住用不動産である

こと又は居住用不動産を取得するための金銭であること
(3) 贈与を受けた年の翌年3月15日までに、贈与により取得した国内の居住用不動産又は贈与を受けた金銭で取得した国内の居住用不動産に、贈与を受けた者が現実に住んでおり、その後も引き続き住む見込みであること
　（注）　配偶者控除は同じ配偶者からの贈与については一生に一度しか適用を受けることができません。

　贈与税の配偶者控除は、居住用不動産の贈与を受けた配偶者が、その贈与を受けた居住用不動産を居住の用に供し、かつ、その後も引き続き居住の用に供する見込みである場合に受けられます。この居住用不動産は、居住用家屋又はその敷地の用に供されている宅地のいずれでも適用を受けることが可能ですが、敷地の用に供されている宅地の贈与を受けた場合には、居住用家屋の所有者がその受贈配偶者の配偶者又はその受贈配偶者と同居する親族でなければ贈与税の配偶者控除の適用を受けることはできません（相基通21の6－1(2)）。
　事例のケースでは、妻が敷地の贈与を受け、居住用家屋は同居している長男が贈与を受けますので、贈与税の配偶者控除の適用を受けることが可能となります。
　※　平成28年1月1日以後の贈与により贈与税の配偶者控除の適用を受ける場合には、その適用を受けるための申告書への添付書類が変更されました。居住用不動産の配偶者間贈与においては、名義変更を行わないケースもあり、従前の添付書類であった登記事項証明書では、取得の事実が確認できないという場合がありました。そのため、所有権移転登記後の登記事項証明書や贈与契約書等、配偶者がその居住用不動産を取得したことが証明できる書類に改められました。

3　住宅取得等資金の贈与

Q 娘家族と同居するため、私が所有する家屋を二世帯住宅へ増改築する予定です。費用2,000万円のうち1,500万円を娘に贈与した場合、娘は住宅取得等資金に係る贈与税の非課税の適用を受けることが可能でしょうか。

A この非課税特例の対象となる増改築等とは、贈与を受けた者が日本国内に所有する自己の居住の用に供している家屋について行われる増改築等をいいます。受贈者が贈与を受けた時点で所有していないため、適用を受けることはできません。

・・・・・・・・・・・・・・・　解　説　・・・・・・・・・・・・・・・

　平成27年1月1日から平成33（2021）年12月31日までの間に、父母や祖父母などの直系尊属から住宅取得等資金の贈与を受けた受贈者が、贈与を受けた年の翌年3月15日までにその住宅取得等資金を自己の居住の用に供する家屋の新築若しくは取得又はその増改築等の対価に充てて新築若しくは取得又は増改築等をし、その家屋を同日までに自己の居住の用に供したとき又は同日後遅滞なく自己の居住の用に供することが確実であると見込まれるときには、住宅取得等資金のうち一定金額について贈与税が非課税となります（以下、「非課税の特例」といいます。）。

(1)　受贈者の要件
　①　贈与を受けた時に受贈者が日本国内に住所を有していること。
　　（注）　贈与を受けた時に日本国内に住所を有していない場合でも、対象となる場合があります。
　②　贈与を受けた時に贈与者の直系卑属（贈与者は受贈者の直系尊属）であること。
　　（注）　養子縁組をしている場合の養親は直系尊属に当たります。

③ 贈与を受けた年の1月1日において、20歳以上であること。

④ 贈与を受けた年の年分の所得税に係る合計所得金額が2,000万円以下であること。

⑤ 贈与を受けた年の翌年3月15日までに、住宅取得等資金の全額を充てて住宅用の家屋の新築等をし、同日までにその家屋に居住すること、又は同日後遅滞なくその家屋に居住することが確実であると見込まれること。

(注) 贈与を受けた年の翌年12月31日までにその家屋に居住していないときは、適用を受けることはできません。なお、この場合には贈与税の修正申告が必要となります。

⑥ 平成21年分から平成26年分において、「直系尊属から住宅取得等資金の贈与を受けた場合の非課税の特例」の適用を受けている場合には、平成27年分以降の贈与でこの非課税の特例の適用を受けることはできません（一定の場合を除く）。

(2) 増改築等の要件

特例の対象となる増改築等とは、贈与を受けた者が日本国内に所有する自己の居住の用に供している家屋について行われる増築、改築、大規模の修繕、大規模の模様替その他の工事のうち一定のもので次の要件を満たすものをいいます。

① 増改築等の工事に要した費用が100万円以上であること。

なお居住用部分の工事費が全体の工事費の2分の1以上でなければなりません。

② 増改築等後の家屋の床面積の2分の1以上に相当する部分が専ら居住の用に供されること。

③ 増改築等後の家屋の登記簿上の床面積（区分所有の場合には、その区分所有する部分の床面積）が50平方メートル以上240平方メートル以下であること。

④ 増改築等に係る工事が、一定の工事に該当することについて、「確認済証の写し」、「検査済証の写し」又は「増改築等工事証明書」などの書類により証明されたものであること。

事例のケースでは、増改築前に娘は家屋を所有していないため（居住もしていません。）、娘へ贈与した金額については非課税の特例の対象とはなりません。

　平成27年1月1日から平成33（2021）年12月31日までの間に住宅取得等資金を贈与により取得した場合における受贈者1人についての非課税限度額は、住宅の種類や住宅用家屋の取得等に係る契約の締結時期により異なっています。
　各年分の非課税限度額は、次の表の通りとなります。

イ　下記ロ以外の場合

住宅用家屋の新築等に係る契約の締結日	省エネ等住宅	左記以外の住宅
〜平成27年12月31日	1,500万円	1,000万円
平成28年1月1日〜 平成32年（2020年）3月31日	1,200万円	700万円
平成32年（2020年）4月1日〜 平成33年（2021年）3月31日	1,000万円	500万円
平成33年（2021年）4月1日〜 平成33年（2021年）12月31日	800万円	300万円

ロ　住宅用の家屋の新築等に係る対価等の額に含まれる消費税等の税率が10％である場合

住宅用家屋の新築等に係る契約の締結日	省エネ等住宅	左記以外の住宅
平成31年（2019年）4月1日〜 平成32年（2020年）3月31日	3,000万円	2,500万円
平成32年（2020年）4月1日〜 平成33年（2021年）3月31日	1,500万円	1,000万円
平成33年（2021年）4月1日〜 平成33年（2021年）12月31日	1,200万円	700万円

　受贈者については、これらのほか一定の要件に該当することが必要です。また、対象となる家屋等については、細かく要件が定められていますので、中古家屋の耐震性等、又は増改築の工事の内容等がこの制度の要件に該当するかを、不動産会社や建築会社等に確認しておく必要があります。

4　教育資金等の贈与

Q 私は、外孫の大学入学金1,000万円について、大学の指定銀行口座に振り込みを行いました。入学金などは親が負担すべきものとして、私が負担した場合は私から孫への贈与と扱われ、贈与税の課税対象となるのでしょうか。

A

扶養義務者相互間における生活費や教育費に充てるための贈与財産のうち通常必要なものは、非課税とされています。親の子に対する扶養義務が祖父の孫に対する扶養義務に優先するとは規定されていないため、祖父が孫に対して教育費を負担した場合もこの非課税規定の対象となります。

● ● ● ● ● ● ● ● ● ● **解　説** ● ● ● ● ● ● ● ● ● ●

「扶養義務者」の意義については、民法の規定によると次の通りです。

配偶者間では同居・相互扶助すべきこととされていて（民法752）、当然扶養義務があります。直系血族及び兄弟姉妹は、相互に扶養義務を定めています（民法877①）。また、家庭裁判所は、特別の事情があるときは、審判により三親等内親族間においても扶養義務を負わせることができるとされています（民法887②）。

また、相続税法第1条の2第1号では、扶養義務者とは配偶者及び民法第877条に規定する親族をいいますが、これらの者のほか三親等内の親族で生計を一にする者については、家庭裁判所の審判がない場合であってもこれに該当するものとして取り扱うものとされます（相基通1の2－1）。

「扶養義務者相互間」とは、贈与の当事者が相互に直系血族であれば当然にこれに該当しています。贈与の当事者である贈与者及び受贈者の組合せに順位がついているわけではないので、父母と子の組合せ、祖父母と孫の組合せのどちらが優先されるということはありません。

親の子に対する扶養義務が祖父の孫に対する扶養義務に優先することにはなり

ませんので、祖父が孫の教育費を負担した場合もこの非課税規定の対象となります。また、この金額が多額であっても、これが入学手続上必要なものであれば問題がないとされます。

　生活費又は教育費として非課税財産とされるのは、生活費又は教育費として必要な都度、直接これらの用に充てるために贈与された財産に限られますので、生活費又は教育費の名目で取得した財産を預貯金等としてプールした場合、株式や家屋の買入代金に充当したような場合などには、贈与税が課税されることになります（相基通21の3－5）。ここで「通常必要と認められるもの」とは、被扶養者の需要と扶養者の資力その他一切の事情を勘案して、社会通念上適当と認められる範囲の財産をいうものとされます（相基通21の3－6）。また、財産の果実（地代、家賃、配当など）を生活費又は教育費に充てるために財産（土地、家屋、株式など）の名義変更があった場合には、その名義変更の時に、その利益を受ける者がその財産を贈与によって取得したものとして贈与税が課税されます（相基通21の3－7）。

　ここで「生活費」とは、その者の通常の日常生活を営むのに必要な費用をいい、治療費、養育費その他これらに準ずるものも含まれます（相基通21の3－3）。
　また、「教育費」とは、被扶養者の教育上通常必要と認められる学資、教材費、文具費等をいい、義務教育費に限らず、高校、大学、各種学校等における教育費も含まれます（相基通21の3－4）。
　このように、扶養義務者相互間における通常必要とされる生活費又は教育費に充てるための財産の移動に対しては、贈与税が非課税とされます。これらの目的のための財産の移動がないものと考えられるため、貸借とも扱われないことになります。

教育資金の一括贈与に係る非課税特例（措法70の2の2）
　扶養義務者間（親子間等）で必要の都度支払われる教育資金は贈与税が非課税とされています。しかし、教育については将来にわたり多額の資金が必要であり、「一括贈与」のニーズも高いことから、平成25年4月1日から平成31年3月31日（平

成31年度税制改正により2年延長予定）までの間に、個人（30歳未満の方に限ります。以下「受贈者」といいます。）が、教育資金に充てるため、金融機関等との一定の契約に基づき、受贈者の直系尊属（祖父母など）から

(1) 信託受益権を取得した場合
(2) 書面による贈与により取得した金銭を銀行等に預入をした場合
(3) 書面による贈与により取得した金銭等で証券会社等において有価証券を購入した場合

には、これらの信託受益権又は金銭等の価額のうち1,500万円までの金額に相当する部分の価額については、金融機関等の営業所等を経由して教育資金非課税申告書を提出することにより贈与税が非課税となります。

平成31（2019）年4月1日以後に拠出されるものから、受贈者の所得要件や教育資金の範囲縮減により縮小が図られました。また、贈与者の死亡時には、相続財産に加算しないこととされていましたが、受贈者の状況によって、相続開始前3年以内の拠出金額の残額が相続財産に加算されます。

Ⅱ 養子縁組

1 養子による相続対策の仕組み

Q 私は長男の子を養子とすることを考えています。相続税法上どのような取扱いになるのでしょうか。また、養子を迎えることで不利な点や問題が生じることがあるのでしょうか。

A 養子縁組をして法定相続人の数が増えることで、相続税の基礎控除額、死亡保険金・死亡退職金の非課税枠が増え、結果として相続税が減少することになります。しかし、相続人が増えることによって遺産分割を行う上で、協議が調いづらくなることも考えられます。

● ● ● ● ● ● ● ● ● ● ● ● ● 解　説 ● ● ● ● ● ● ● ● ● ● ● ● ●

家督相続の考え方が根強く、家を護る、あるいは相続対策といった観点から、農家や資産家の家庭では、内孫を養子に迎えることが広く行われています。それらの利点あるいは不利な点は以下の通りです。

(1) **養子縁組の利点**
① 相続税の基礎控除額が1人につき600万円増加します。相続税法上法定相続人の数に含めることができる養子の数は、実子がいる場合には養子のうち1人、実子がいない場合には養子のうち2人までです。なお、民法上においては養子の数に制限はありません。
② 相続税は所得税と同じく超過累進税率なので、相続人が増え、1人当たりの相続分が減少することで税率が下がる場合があります。
③ 生命保険金、退職手当金の非課税限度額は「500万円×法定相続人の数」

なので、相続人が増えると非課税額も増加します。
④　孫を養子にすることによって、その養子に財産を相続させた分だけ相続を一代飛ばすことができます。ただし、被相続人の養子となったその被相続人の孫（代襲相続人である者を除く）は、相続税額の２割加算制度の対象になります。

(2) **養子縁組の不利な点、問題点**
①　相続人が増えるということは、相続に関する利害関係人が増えるということです。そのため、養子が想定以上の相続分を主張することもあります。その主張によっては、他の相続人の取得分についても協議が調いづらくなることも考えられます。
②　養子を迎えることで配偶者の税額軽減額の枠が少なくなる場合があります。例えば、相続人が配偶者と兄弟姉妹の場合、甥あるいは姪を養子にすると、養子縁組前は配偶者の税額軽減は３／４ですが、養子縁組後は１／２になります。
③　未成年者を養子にした場合には、原則として法定代理人の同意が必要です。通常、親権者が法定代理人を務めますが、親権者が共同相続人の場合は、利益相反となるため、家庭裁判所に特別代理人の選任を請求する必要が出てきます。
④　基本的に姓が変更になるため、運転免許証、パスポート、クレジットカード、銀行口座等の名義変更の手続が必要ですが、民法第810条のただし書きによって、婚姻によって氏を改めた者については、婚姻の際に定めた氏を称すべき間は、この限りではありません。例えば、結婚して夫の姓を名乗った孫娘を養子に迎える場合などです。

〈養子を迎えた場合の計算例〉

相続財産……10億円（土地6億5,000万円、預金2億5,000万円、生命保険金1億円、葬式費用300万円を含む）
① 法定相続人……実子2人
② 法定相続人……実子2人、養子1人（被相続人の孫以外の者）

相続税課税財産

	①	②
土地	6億5,000万円	6億5,000万円
預金	2億5,000万円	2億5,000万円
生命保険金	1億円	1億円
＊生命保険金の非課税限度額	△1,000万円	△1,500万円
葬式費用	△300万円	△300万円
	9億8,700万円	9億8,200万円
＊基礎控除額	△4,200万円	△4,800万円
	9億4,500万円	9億3,400万円

＊生命保険金の非課税限度額
① 500万円×2人＝1,000万円
② 500万円×3人＝1,500万円

＊基礎控除額
① 3,000万円＋600万円×2人＝4,200万円
② 3,000万円＋600万円×3人＝4,800万円

相続税の計算

	課税遺産総額	相続税の額
① 養子縁組をしない場合	9億4,500万円	3億8,850万円
② 養子縁組をした場合	9億3,400万円	3億4,100万円

　したがって、相続税の額は3億8,850万円－3億4,100万円＝4,750万円の差が出ることになります。

Ⅲ 賃貸物件建設

1 建設による相続対策の仕組み

Q 今まで月極駐車場として貸していた土地の周辺で、住宅需要が増えてきています。賃貸住宅を建設すると相続税負担が減少するということなので、駐車場として使用しているこの土地に、賃貸住宅を建てることを検討しています。本当に相続税が減るのでしょうか。

A 賃貸住宅を建てた場合、貸家の敷地の用に供されたということで土地の評価額が低くなり、金融資産から固定資産税評価額で評価される家屋への資産の組換えが行われ、結果として相続税は少なくなります。

●●●●●●●●●●●●●●● 解 説 ●●●●●●●●●●●●●●●

(1) 土地の評価減

ある土地にアパートを建てると、その土地は貸家建付地として評価され、自用地と比較した場合に評価額が低くなります。下記の算式の通り借地権割合（地域によって異なります。）に借家権割合（一律30％）と賃貸割合を乗じた金額分を差し引くことができるためです。

貸家建付地＝宅地の自用地としての価額×（1－借地権割合×借家権割合×賃貸割合）

(2) 金融資産から家屋への資産組換え

家屋の評価は固定資産税評価額を基にします。建築費総額に比べて固定資産税評価額は6割程度であり、さらに借家権割合（一律30％）を差し引くこともできるため、金融資産のまま所有しているよりも相続税課税財産が少なくなります。

貸家の評価額＝固定資産税評価額×（1－借家権割合×賃貸割合）

(3) 短期間での相続税対策

賃貸住宅を建設する際に金融機関から借入れを行うと、借入金を債務として控除することができます。短期間で比較的多額の金額をマイナスの財産として計上することが可能になるため、即効性のある相続税対策として利用されています。しかし、賃貸住宅を借入金で建設する際には、相続税対策だけでなく将来にわたる借入金の返済が可能であるのかも含めた綿密な計画が必要です。

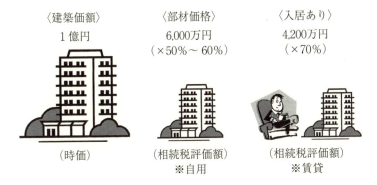

2億円の更地に、1億円のアパート・マンションを建てた場合の財産圧縮額は次のようになります。(借地権割合60％、借家権割合30％、賃貸割合100％、建築費に対する固定資産税評価額の割合を6割として、計算しています。)

〈建築価額〉　　〈部材価格〉　　〈入居あり〉
1億円　　　　 6,000万円　　　 4,200万円
　　　　　　（×50％〜60％）　（×70％）

（時価）　　　（相続税評価額）　（相続税評価額）
　　　　　　　※自用　　　　　※賃貸

- 土地の評価減は3,600万円です。
  更地：2億円⇒貸家建付地：1億6,400万円（＝2億円×（1－60％×30％×100％））

- 物件建設（購入）による評価減は5,800万円です。
  預貯金：1億円⇒貸家：4,200万円（＝1億円×6割×（1－30％×100％））

財産の評価額は、併せて9,400万円が減少したことになります。また、借入れを行って建設した場合は、さらに残債を債務として控除することになります。

2　不動産管理会社の活用

Q 個人事業者が法人を設立して、活用しているという話をよく耳にします。法人化した場合の効果はどのようなものが考えられるのでしょうか。

A 累進課税である所得税から法人税に切り替わることで税率が一定になります。また、相続人を役員等にして給与の支払を行うことで相続対策にもなり、経営に対しての意欲が向上するという副次効果も生じます。

・・・・・・・・・・・・・・・　解　説　・・・・・・・・・・・・・・・

(1)　所得税の節税効果

　個人で事業を経営している場合には、その所得は個人事業主に集中します。その結果、超過累進税率（所得が多くなるにつれて税率が高くなる方式）を採用している我が国では、個人事業主が多額の税金を支払わなければならなくなります。したがって、経営規模が大きくなり所得が増えれば、それに伴って税負担も重くなることになります。法人を設立し家族を役員にして給与を支払うことで所得を分散することになり、その結果所得税負担が軽減できることになるのです。個人事業主のままでも同居家族に給与を支払うことは可能ですが、従事期間等の要件があるため支給が困難な場合があります。他に就職している場合などは専従者給与は支給できませんが、経営に関与する法人役員に対しては給与を支給することが可能になります。その給与は定期同額、事前確定届出、業績連動に該当し、不相当に高額でなければ法人の損金の額に算入されます。

　また、所得税率において最高税率を適用されている個人事業者については、所得税率と法人税率との差がメリットとなります。法人税は所得税とは異なり、下表のように法人の大小（中小法人については、所得にもよります）により、税率が一律に定められています。

区　分		平成28年 4月1日以後	平成30年 4月1日以後
中小法人又は 人格のない社団等	年800万円以下の部分	15%	15%
	年800万円超の部分	23.4%	23.2%
中小法人以外の法人		23.4%	23.2%

　法人の場合、法人税の他事業税や法人住民税等を加味した実効税率は、29％台ですが、今後はさらなる引下げが検討されている状況です。対して、個人所得は、累進課税であるため所得が少なければ実効税率は法人よりも低くて済みますが、例えば所得金額が2,000万円であればその実効税率は40％以上となります。法人と個人所得の実効税率の差は、所得金額が高いほど段階的に大きくなることになります。

(2)　相続税の軽減

　所得を給与の支払という形で家族に分配することができるので、贈与税を負担することなく資産の分散を行うことが可能となり、推定相続人は、分配された給与により、将来予想される相続税の納税資金を確保することができます。また、出資持分の配分により、事業の承継をスムーズに行うことができます。

(3)　生命保険・小規模企業共済・退職金の活用

　法人で生命保険（共済）に加入する場合、加入の方法によっては保険料（掛金）の全額又は半額を損金とすることが可能です。個人ではいくらかけても控除される上限は4万円（旧契約の場合5万円）ですが、法人では上限という考え方ではないため、契約内容によってはより多くの金額を費用化できることになります。
　また、小規模企業共済は国が設計した中小企業者のための退職金制度ですが、納めた掛け金は全額が所得控除の対象となります。個人事業主であれば事業主と共同経営者（2名まで）しか加入することができませんが、法人であれば役員となった者が加入することができるため、人数の制限がない分メリットも大きいで

す。

　さらに、法人独自に退職金制度を設けることも可能なため、適正な金額が予め規定されていれば死亡時に退職金を支払うことで、相続税上の非課税枠を活用することができます。

(4)　繰越欠損金の取扱い

　個人事業者が赤字となった場合、青色申告者ならばその赤字は3年間繰り越すことができますが、青色申告の法人であれば、その赤字（中小法人以外は一定額）は9年間繰り越すことが可能になります（平成30年4月1日以後に開始する事業年度において生ずる欠損金額の繰越期間は10年とされています。）。

(5)　経営上のメリット

　法人の場合は、個人事業主と比較して経理をより明確にしなければなりません。そのため社会的信用が増し従業員の採用がしやすくなったり、借入れの手段が増えたりするなど有利な点があります。さらに、出資者の責任が有限であり、仮に事業に失敗したとしてもその出資の範囲内の損失で済みますが、個人保証をした場合はこの限りではありません。また、家族役員及び従業員に対して給与が支払われるので、事業に対する意欲が向上します。

第4章 相続準備・資産管理

〈不動産管理会社の活用形態〉

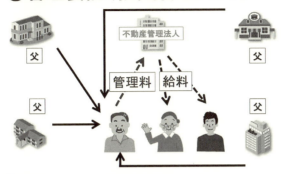

Ⅳ 保険金、退職金の非課税枠

1 生命保険金

Q 保険料を被相続人が負担していた生命保険金について受取人である配偶者が取得しましたが、他の財産は長男がすべて相続し、配偶者は財産を相続しないことになりました。長女、次女へは配偶者が取得した保険金を原資にして、代償金を支払おうと考えています。配偶者は相続財産を取得しませんが、生命保険金に係る非課税額を控除することができるでしょうか。

A

相続税の課税価格を計算するうえで、相続財産を取得していない配偶者が取得した保険金についても、生命保険金に係る非課税額を控除することが可能です。しかし、配偶者が本来の相続財産を取得しないで、他の相続人へ財産を分与することは代償とは扱われませんので、注意が必要です。

●●●●●●●●●●●●●●●● 解　説 ●●●●●●●●●●●●●●●●

生命保険の契約上の受取人が取得した保険金は、特別な理由のない限り、契約者と保険会社との契約によって受取人と指定された者が直接に取得する財産（受取人固有の財産）に該当します。被相続人からの相続によって取得した財産とはいえませんので、遺産分割協議の対象とはされません。しかし、相続税法上では、「みなし財産」として非課税金額以上の金額については、相続税が課税されています。このような法律上の遺産ではない保険金を遺産分割から除外した場合、相続人間で取得する財産に対しての公平性が保たれないと考えられています。

そこで、家庭裁判所の審判や調停などにおいては、一部の相続人が取得した死亡保険金を代償債務の交付財産として利用することで、遺産分割の調整を図るこ

とがあります。

　事例のケースにおいても、配偶者が取得した保険金は本来の遺産とは扱われませんが、代償債務を履行するための資金として利用することになります。また、配偶者の取得した保険金を相続税の課税価格に算入する際には、非課税限度額以下の金額を控除することができます。しかし、配偶者が保険金を取得したということから他の財産を相続しない場合は、保険金から長女及び次女に支払われた金銭は、財産を相続しない配偶者から代償分割の代償債務に充てられたものとはいえず、贈与ということになり長女及び次女には贈与税が課されることになります。本来の財産とは取扱いが異なる点に注意することが必要です。

　ところで、生命保険金は代償金の準備として活用されていますが、契約形態によって課税される税目が異なる点を理解しないまま加入している例もあります。保険料負担者が被相続人以外の保険契約で、保険料負担者と受取人が異なる場合は受取人に対して贈与税が課されます。保険料負担者と受取人の関係による税目を理解し、思わぬ負担がないように整理しておくとよいでしょう。

〈受取保険金等の課税関係〉

取満期保険金：5,000万円
妻　の　所　得：0円
支払った保険料：3,000万円
その他贈与財産等：0円

	保険料負担者	被保険者	受取人	税金の種類		税額
ケース1	妻	夫	妻	所得税・住民税[※1]		249万円
ケース2	妻	夫	子	贈与税	一般税率	約2,290万円
					特例税率[※2]	約2,050万円

※1　上記の税額計算では、復興特別所得税は考慮していません。
※2　直系尊属（父母・祖父母）からの贈与により財産を取得した受贈者（贈与年の1月1日において20歳以上の者に限ります）について適用されます。

2　死亡退職金

Q 同族法人の役員をしていた者が死亡し、株主総会でその遺族に退職金支給決議を行い、詳細は取締役会で定めました。相続人は、配偶者と長男、長男の子（被相続人の養子）の3名で、いずれもその法人の役員を務めています。取締役会の結果、死亡退職金は長男の子が取得することになりましたが、長男の子は相続税の非課税の適用を受けることが可能でしょうか。

A

相続人以外の人が取得した退職手当金等には、非課税の適用はありません。長男の子は養子となっているため、適用対象となります。

解　説

(1)　死亡退職金に係る非課税金額

死亡退職金はすべての相続人（相続を放棄した人や相続権を失った人は含まれません。）が取得した退職手当金等を合計した額が、次の式で計算した非課税限度額以下のときは課税されません。

> 500万円×法定相続人の数＝非課税限度額

なお、相続人以外の人が取得した退職手当金等には、非課税の適用はありません。法定相続人の数は、相続の放棄をした人がいても、その放棄がなかったものとした場合の相続人の数をいいます。また、法定相続人の中に養子がいる場合の法定相続人の数に含める養子の数は、実子がいるときは1人、実子がいないときは2人までとなります。

(2)　死亡退職金の受取人

被相続人の死亡後3年以内に支給が確定した死亡退職手当金等は本来の相続財

産ではありませんが、その支給を受けた者が相続人の場合は相続により、相続人以外の者である場合には遺贈により、それぞれ取得したものとみなされます（相法3①二）。なお、この場合の「支給を受けた者」とは、次に掲げる者をいいます（相基通3－25）。

① 退職給与規程等により、その支給を受ける者が具体的に定められている場合には、その規程等により支給を受けることとなる者

② その支給を受ける者が具体的に定められていない場合、又は被相続人が退職給与規程等の適用を受けない者である場合

　(イ) 相続税の申告書を提出するとき、又は更正若しくは決定をするときまでに、その死亡退職手当金等を現実に取得した者があるときは、その取得した者

　(ロ) 相続人全員の協議により、その支給を受ける者を定めたときは、その定められた者

　(ハ) (イ)及び(ロ)以外のときは、法定相続人の全員が取得した者となり、その金額は各人が均等に取得したものとして取り扱われる。

(3) 小規模企業共済の受取人

共済契約者が亡くなった場合に共済金を請求する権利（受給権）は、一般の相続財産におけるものとは異なり、その順位が小規模企業共済法で定められています。共済金の受給権の順位の高い方から共済金を請求できることになっていて、その受給権の順位は以下の通りです。

受給権順位		共済契約者との関係
第1順位者	配偶者	戸籍上の届出はしてないが、事実上婚姻と同様の事情にあった方を含む
第2順位者	子	共済契約者が亡くなった当時、主としてその収入によって生計を維持していた方
第3順位者	父母	
第4順位者	孫	
第5順位者	祖父母	
第6順位者	兄弟姉妹	
第7順位者	そのほかの親族	
第8順位者	子	共済契約者が亡くなった当時、共済契約者の収入によって生計を維持していなかった方
第9順位者	父母	
第10順位者	孫	
第11順位者	祖父母	
第12順位者	兄弟姉妹	

(出典：独立行政法人中小企業基盤整備機構ホームページ)

　先順位者を越えて共済金を請求することはできず、同順位の受給権者が2人以上の場合は、そのうちの1人を共済金の受領について一切の権限を有する代理人と定めて、その方が請求手続を行うこととされています。

Ⅴ 二次相続対策（配偶者の相続分）

1 二次相続対策

Q 両親ともに高齢になり、そろそろ相続のことを考えたいと思います。ほとんどの財産を所有している父が先に亡くなった場合、あるいは母が先に亡くなった場合では、どのような点に注意したらよいでしょうか。

A

夫若しくは妻の死亡（一次相続）の後、残された配偶者が死亡したときの相続を二次相続といいますが、財産の状況等によって、その後の配偶者の二次相続対策を行う必要があります。

●●●●●●●●●●●●●●● 解　説 ●●●●●●●●●●●●●●●

　平均的には家庭の財産の大半を所有する夫が先に亡くなるケースが多いため、まずはこの前提で考えてみましょう。一次相続が発生した際には配偶者の税額軽減の特例が適用できることから、とりあえずは妻が法定相続分を相続する、あるいはほとんどの財産を妻が相続する、というケースがあります。また、農家にあっては、今まで農業を行っていた夫が突然亡くなった場合に、子が農業を行い農地の納税猶予の特例を適用するかどうか（営農を終生行うかどうか）の判断を行うまでの猶予期間を設けたいとして、農地を妻が相続する場合があります。

　このように妻が大部分を相続した場合、その内容によっては、二次相続を合わせて考えた場合に納税上で不利になることも生じます。しかし、二次相続での税額負担の軽減にばかりに気を配り妻の相続分を少なくすると、妻が老後の生活資金で苦労することも考えられます。また、自宅を相続しないことで、妻が居心地の悪さを感じるようです。平成30年7月の民法（相続関係）の改正に伴い、配偶者居住権（終身又は一定期間、配偶者に建物の使用を認めることを内容とする法

定の権利）が新設されます。この権利は、遺産分割における選択肢を増やし、高齢配偶者の生活保障を図ることを目的としたものです。夫が先に亡くなった場合は、妻の「その後の生活」を考慮した遺産分割を行う必要があります。今後は、この配偶者居住権を加味した遺産分割が行われることも考えられます。

　次に妻が先に亡くなった場合を考えてみます。妻の財産が相続税がかからない基礎控除額以内である場合は、相続税の負担軽減のためには妻の遺産は子が相続した方が有利なケースが多いです。妻の財産を夫が相続すると、単に二次相続の財産が増えるだけといった場合が多いようです。妻が先に亡くなるケースでは、男女間の平均余命の違いから一次相続から二次相続までの期間が比較的に短い傾向にあるため、特に「二次相続の対策」を進める必要があります。税金面からは暦年贈与等の生前贈与を行う、分割面からは二次相続時の分割や納税を行いやすくなるように資産の整理を行う、あるいは遺言書を作成して生前に分割を決めておくなどが考えられます。

コラム　不動産管理会社の物件所有

　法人を設立すると税務上有利になるという理由だけで、新設した法人の名義で高額賃貸物件を建設してしまうケースは少なくありません。賃貸物件建設による相続対策の仕組みを正しく理解しないと、期待した効果を得られなくなります。

　賃貸物件建設によるその効果とは、財産の評価額を圧縮することにあります。相続税の計算上、建物は固定資産税評価額を基にしますが、この評価額は、使われている材料の種類や程度に応じて定められるため、実際に支払った対価の50〜60％程度の評価になるといわれています。また、建物は賃貸に供することで借主の権利分が評価減の要因となるため、最終的には支払対価のおよそ40％程度にまで評価額が圧縮されることになります。

　つまり、10億円の賃貸物件を建てれば、およそ6億円の財産を圧縮できる計算になります。これを推定被相続人自身の名義で行えば相続税対策といえますが、法人名義で建設したのでは、相続税対策とはなりません。

　推定被相続人自身名義で建設するということは、自身の財産を担保に金融機関から10億円を借り入れ、この推定被相続人の金融資産を賃貸物件という資産（固定資産税評価額から借家権の権利を差し引くことができる）へと資産の組換えを行うことです。

　賃貸物件の建設を新設した法人の名義で行う場合には、担保になる不動産もないため、多くの場合は代表取締役である推定被相続人の不動産を担保にして、金融機関から借り入れるということになります。この借入金で法人が物件を建設すれば、法人の財産は圧縮されますが、肝心の推定被相続人の財産の圧縮幅については大きな効果を得ることができません。

　また、法人に賃貸物件を売却するという方法があります。これは「不動産」から「現金」に組み換えるということで、「現金」を「不動産」に組み換える一般的な相続税対策とは逆の行為ですが、返済の終わった古いアパートのような利回りが高い物件については税務上の効果が期待できます。このような物件は、時価が相続税評価額を下回っていれば、財産評価額の減額が見込めることになりますし、賃貸物件からの家賃収入は法人の収益となるため所得税の圧縮にもつながります。

第5章

納　税　等

Ⅰ 金銭納付

1 納税資金準備の検討の順序

Q 父が残した相続財産は、生産緑地である農地を含めそのほとんどが不動産です。相続税が多額になれば納期限までに納税ができないのではないかと心配しています。期限内に納税するためには、どのようなことを、どのような順序で検討しなければなりませんか。

A 相続税は金銭による一時納付が原則ですが、金銭による一時納付ができない場合には、「延納」又は「物納」による納付が認められています。また、特例農地等については営農継続を条件に「農地等の納税猶予の特例」を選択することができます。

「延納」については「銀行借入」、「物納」については「売却」を比較検討して、申告期限までの短期間のうちに選択する必要があります。

―――――――――― 解 説 ――――――――――

相続税は法定納期限(相続の開始があったことを知った日の翌日から10か月以内)までに金銭で一時納付するのが原則です。

相続財産のうちに、農地などの不動産の占める割合が多い場合には、どのような方法により納税資金を準備するのか、又は営農を継続することを条件として農地等の納税猶予特例の適用を受けるのか、しっかりと検討する必要があります。

(1) 納税資金の準備

納税資金の準備は、まず相続により取得した金融資産、生命保険金等、及び相続人固有の金融資産で納税資金として支払が可能な金銭を確認し、納付ができる

かどうか検討します。

そのうえで、金銭により納付することが困難な金額がある場合には、次の手順により納税資金準備を検討します。

(納税資金準備の検討の順序)

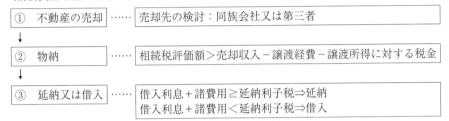

不動産の売却の場合には、収益性を重視して検討する必要があります。

ロードサイド店舗のように収益性が高い場合には、同族会社の自己資金又は同族会社にて資金調達をした上で、同族会社にてその不動産を購入することを検討します。

駅から離れた住宅地にある更地のように収益性が低い場合には、第三者への売却を検討することと合わせて、物納の要件を満たすかどうかの確認を行います。

売却により見込まれる手取り額と、その不動産の相続税評価額とを比較し、手取り額が高ければ売却を選択し、相続税評価額が高ければ物納を選択します。

売却を選択する場合には、納付期限までに売買代金の決済ができるのかのスケジューリングが重要になります。

売却する不動産が農地（生産緑地）である場合には、生産緑地の買取申出、農地転用などの行政手続、隣地との境界確定や測量などの手順を踏む必要があり、換金するまでに半年から1年程度の期間を要することもあるため注意が必要です。

また、不動産の収益性が高く、その後の資金収支から納税資金を捻出できる場合には、延納や金融機関からの借入により納税資金を準備することも可能です。

延納を選択する場合には、延納税額及び利子税の額に相当する担保を提供する必要があります。

ただし、安易に延納や借入による資金調達を選択すると、将来、年賦による納税や、借入の返済が困難になることもあるため、相続税の支払はできる限りその相続のタイミングで終わらせることを念頭に、納税の方法を検討しましょう。

(2) 農地等の納税猶予の特例の選択

　特例農地等を相続により取得した場合には、農地等の相続税の納税猶予の適用を受けるか否かの選択が、非常に重要になります。

　農地等の納税猶予の特例は、宅地並み農地としての高い評価額に基づく相続税額と、農地として利用し続けることを前提とした非常に低い農業投資価格に基づく相続税額との、差額の相続税について納税の猶予を受けることができるため、法定納期限までに納付すべき相続税額の大幅な圧縮が可能となります（措法70の6）。

（農地等の納税猶予の特例のイメージ）

宅地並みの相続税評価額	
農業投資価格	農業投資価格超過額

相続税	
納付	猶予

　ただし、途中で農業が続けられなくなると納税猶予が打ち切られ、猶予を受けていた相続税額とその相続税額を元本とする猶予期間に対応する利子税の一括納付を迫られることになります。

　病気や事故などいかなる状況に陥っても農業経営を継続するためには、次の世代の農業後継者がいること又は家族の支えが得られることなどを確認し、慎重に選択しましょう。

　一次相続の場合には、一旦配偶者にて特例農地等を取得し、農地等の納税猶予の特例を受けることで、子の営農意思の決断を二次相続のタイミングまで延ばすことが可能となります。

(3) 未分割の場合の納税資金への影響

遺産分割協議が申告期限までにまとまらない場合には、納税資金の準備の検討について以下の影響があるため、注意が必要です。

①	被相続人の預貯金が凍結されたままになるため、納税資金の原資にすることができません。
②	延納の申請において、相続人全員の合意がなければ、未分割財産を担保提供できません。
③	未分割の場合や、遺言書がある場合に遺留分減殺が行われているときにも、物納は認められません。
④	農地等の相続税の納税猶予の特例の適用を受けることができません。
⑤	未分割の状態が長期化すれば、相続財産を譲渡した場合の取得費加算の特例の適用を受けられない場合もあります。

2　納税資金に配慮した遺産分割協議のポイント

Q 父の相続について、母と兄弟との間でどのように遺産分割協議を進めていけばよいのか、悩んでいます。
何か注意すべきポイントはありますか。

A

一次相続の遺産分割協議では、一次相続の相続税だけでなく、二次相続の相続税もセットで考えて、配偶者の取得する財産を決定する必要があります。
また、物納申請を行う場合には、金融資産の取得者について工夫が必要です。

●●●●●●●●●●●●●●●　解　説　●●●●●●●●●●●●●●●

(1) 二次相続を考慮した遺産分割

一次相続では、二次相続を考慮した遺産分割を行うことが重要です。
一次相続において、子・配偶者のそれぞれが優先して取得すべき財産は、二次相続までの間の財産の増加と、相続対策の実施の観点から、その優先順位は次のように区分されます。

順位	子が優先的に取得する財産	配偶者が優先的に取得する財産
高い↑↓低い	納税資金充当分の金融資産	金融資産
	収益不動産の建物	納税猶予の適用を受ける農地
	収益不動産の土地	自宅の建物
	非上場株式	自宅の土地
	自宅	収益不動産の土地
	金融資産	収益不動産の建物

相続財産に金融資産があれば、相続税に見合う金融資産を納税資金に充当し、残額を配偶者が取得したうえで、配偶者の今後の生活資金に充て、二次相続まで

の間に生前贈与を実施して対策を行います。

　自宅の建物を配偶者にて取得してリフォーム工事を行い、又は配偶者にて自宅の建替えを行うなどにより、相続財産の圧縮を行う方法も検討します。

　収益性が高い不動産や借入金付きの賃貸不動産は、できるだけ子が取得して、子において二次相続の納税資金に充てる資金の貯蓄をします。

　収益性の低い貸地などは配偶者が取得して、配偶者の税額軽減の特例の適用を受けるとともに、二次相続までの間の配偶者の財産の増加を抑えます。

　自宅など収益性のない不動産は、配偶者が取得するようにしますが、後継者である子が同居している場合には、特定居住用宅地等の限度面積相当分の共有持分を子が取得して小規模宅地等の特例の適用を受け、残りの持分を配偶者が取得するようにします。

　また、配偶者の固有の財産が多い場合には、配偶者が一次相続で財産を取得すると二次相続における相続税負担が高額になる場合もあるため、配偶者が一次相続において財産を取得しないパターンも検討します。

　以上のように、一次相続において、配偶者の税額軽減の特例を最大限に利用することが必ずしも良い分割方法ではないことを理解して、一次相続と二次相続のバランスを考え、全体を通じて相続税の負担が少なくなるように、遺産分割を行いましょう。

(2) 物納申請を考慮した遺産分割

　物納申請には「延納によっても金銭で納付することを困難とする事由があること」という要件があるため、預貯金や有価証券など換金が可能な財産を相続すると、物納が認められにくくなることがあります。

　物納が認められるかどうかは相続人ごとで判定を行いますので、物納申請をしようとする者が固有の金融資産を有しない場合には、優先して不動産を取得して、金融資産を取得しないように遺産分割を行うことで、「金銭納付を困難とする」という要件に該当し、物納が認められることになります。

　以上のように、物納の要件の判断は相続人ごとに行うこととなるため、遺産分割の仕方によっては、被相続人の遺産のうちに多額の金融資産がある場合でも、

物納申請が可能となります。

(3) 兄弟間での不動産の共有は避ける

　相続において、兄弟間での相続分を考慮して、不動産を共有で取得する場合があります。不動産を共有で相続した場合、共有者全員の同意がなければ、不動産の売却や、有効活用、借入の際の担保設定などを行うことができません。
　一次相続において配偶者と長男など親子間で共有により取得する場合には、将来の二次相続で長男の単独所有とすることも可能ですが、兄弟間で共有により取得する場合は、将来的に単独所有になることがありません。
　不動産の利用に当たって争いになる可能性がありますので、兄弟間での共有は避けましょう。

3 相続した不動産を売却した場合の譲渡所得の計算

Q 私は、相続により取得した農地の売却を検討しています。売却に係る所得税の計算方法と、相続により取得した財産を売却した場合に、何か特例があれば教えてください。

A 不動産の譲渡は分離課税の譲渡所得に該当し、譲渡利益が生じる場合には、所得税の確定申告が必要です。相続で取得した財産を相続開始の日の翌日から3年10か月以内に売却した場合には、取得費に関する特例が適用できます。

●●●●●●●●●●●● 解　説 ●●●●●●●●●●●●

(1) 相続により取得した不動産を売却した場合

不動産の譲渡による所得は、分離課税の譲渡所得に該当します。

譲渡所得は、『売却による収入金額－（取得費＋譲渡経費）＝譲渡所得』により計算し、その年1月1日時点の所有期間により短期譲渡所得と長期譲渡所得に区分され、適用される税率が異なります（措法31①②、32①）。

〈適用される税率〉

	所得税	住民税	合計
長期譲渡（所有期間5年超）	15.315%	5%	20.315%
短期譲渡（所有期間5年以下）	30.63%	9%	39.63%

※　所得税には、復興特別所得税を含みます。

相続により取得した不動産を売却した場合には、被相続人の「取得費、及び取得した日」を引き継ぐこととなります（所法60①）。

相続開始の直後に売却をしたとしても、所有期間は相続による取得日から計算するのではなく、被相続人が当初取得した日からの所有期間により計算をするこ

とができます。

　また、取得費は相続税評価額によるのではなく、被相続人が購入した際の取得価額により計算することになりますので、購入当時の売買契約書などの保存の有無を確認する必要があります。

(2) 相続財産を譲渡した場合の取得費加算の特例

　相続により取得した財産を、その相続に関わる相続税の申告期限の翌日から3年以内（相続開始の日の翌日から3年10か月以内）に売却した場合には、その者が負担した相続税額のうち次の算式で計算した金額を、取得費に加算して譲渡所得の金額を計算することができるため、所得税額の軽減を図ることができます（措法39）。

$$取得費に加算する額 = その者の相続税額 \times \frac{相続で取得したその譲渡した財産の価額}{その者の相続税の課税価格 + 債務控除額}$$

　その者の相続税額は、「贈与税額控除額」「相次相続控除額」「相続時精算課税分の贈与税額控除」の適用がある場合には、一定の調整計算が必要になります。

(3) 代償分割で代償金を交付する場合の取得費加算の適用

　代償金の支払がある場合の取得費加算の特例は、次の算式により調整計算をすることとなり、取得費加算額が少なくなるため不利になる場合があります。

　相続財産を譲渡する予定がある場合には、代償分割ではなく、相続財産の金融資産による現物分割を検討しましょう（措通39－7）。

（代償分割で代償金を交付する場合）

$$\begin{aligned}取得費に加算する額 \\ = その者の相続税額\end{aligned} \times \frac{譲渡財産価額B - 支払代償金C \times \dfrac{B}{A+C}}{（その者の相続税の課税価格 + 債務控除額）\ A}$$

(4) 農地等の納税猶予の特例と取得費加算の適用

農地等の納税猶予の特例の適用を受ける農業相続人がいる場合の取得費加算の特例は次に掲げる金額により計算します（措法39⑥）。

区分	その者の相続税額			
納税猶予の適用を受けた相続人	その者の納付すべき相続税額 ＋ <u>納税猶予税額</u>	＋	贈与税額控除額	＋ 相次相続控除額
納税猶予の適用を受けない相続人	その者の納付すべき相続税額	＋	贈与税額控除額	＋ 相次相続控除額

4　遺産分割の内容により適用できる特例が異なる場合

Q 相続財産である不動産を売却することを検討しています。遺産分割協議において注意すべきことはありますか。

A その不動産が、特定の相続人の自宅であったり、収用の予定地であったりする場合には、どの相続人が取得するかにより譲渡所得に対する税金の金額が異なります。また、売却代金を分割する場合には、換価分割にするのか、代償分割にするのかも、十分に検討をする必要があります。

●●●●●●●●●●●●●● 解　説 ●●●●●●●●●●●●●●

(1) 居住用財産を譲渡する場合

　相続財産のうち相続人が居住の用に供している不動産を譲渡する場合には、その居住している相続人がその不動産を取得して譲渡をすれば、被相続人の所有期間と取得費を引き継いだうえで、居住用財産を譲渡した場合の譲渡所得の特例の適用を受けることができます。

〈居住用財産を譲渡した場合の譲渡所得の特例〉

	3,000万円特別控除	長期譲渡軽減税率	特定居住用財産買換
適用条文	措法35①	措法31の3	措法36の2
特例ごとの併用可否	併用可能		併用不可
所有期間	−	−	10年超
居住期間	−	10年超	10年以上
特別控除額	3,000万円		−
自宅買換えの要否	−	−	必要
税率	長期 20.315% 短期 39.63%	6,000万円以下の部分 14.21% 6,000万円超の部分 20.315%	買換不足分 20.315%

遺産を譲渡してその譲渡代金を分割する場合には、「居住用財産を譲渡した場合の3,000万円の特別控除」などの特例の適用を受けられる者が取得できるように遺産分割を行うことを検討します。

　ただし、3,000万円特別控除の適用を受ける相続人が控除対象配偶者又は他の者の扶養親族である場合には、配偶者控除や扶養控除の適用が受けられなくなるため注意が必要です。

(2)　**収用等による買取り予定地である場合**

　収用等の場合の所得の特別控除の特例は、一の収用事業について、所有者ごとに特別控除が適用されます。

　相続財産のうちに収用等の買取り予定の土地がある場合には、当該収用予定地を複数の相続人で共有持分により共同で取得するなどの分割をすれば、譲渡所得の計算上、収用等の場合の所得の特別控除をそれぞれの相続人ごとで適用することができます（措法33の4）。

特例の内容	特別控除	摘要条文
収用交換等により資産を譲渡した場合	5,000万円	措法33の4
特定土地区画整理事業等のために土地等を譲渡した場合	2,000万円	措法34
特定住宅地造成事業等のために土地等を譲渡した場合	1,500万円	措法34の2
農地保有の合理化等のために農地等を譲渡した場合	800万円	措法34の3

　なお、上記の特例控除の適用を受ける場合にも、上記(1)と同様に、配偶者控除や扶養控除の適用に注意が必要となります。

(3)　**換価分割による場合**

　換価分割とは、共同相続人等が相続により取得した財産を金銭に換価して、その換価代金を分割する方法です。この方法によれば、被相続人所有の土地を売却し、諸経費を差し引いた手取りを相続人間で分割して相続することができます（相基通19の2-8）。

換価分割によると、各相続人が換価代金の取得割合に応じて譲渡所得の申告をする必要があり、取得する割合に応じて譲渡所得税や、諸経費を負担することとなるため、相続人間での不公平感が生じません。

　また、代償分割による場合に比べて、相続税額の取得費加算の特例の適用において不利な取扱いを受けることもありません（措法39）。

　ただし、換価分割によれば、相続人が控除対象配偶者又は他の者の扶養親族である場合には、配偶者控除や扶養控除の適用が受けられなくなることがあり、かつ、登記手続においても、相続人各人の共同名義で相続したものとして売買登記を行うのが一般的であり、遠方の相続人がいる場合には、事務手続が煩雑になることがあるため、注意が必要です。

Ⅱ 延　　　納

1　延納の概要

Q　父の相続に係る相続税が多額に上りますが、相続財産は不動産が占める割合が高く、現預金で相続税を納付することができません。
相続税を分割で支払える延納制度について教えてください。

A

相続税は、納付期限までに金銭により一括納付することが原則ですが、一定の要件を満たす場合には、延納によりその相続税を年賦で分割して納めることができます。ただし、延納期間中は利子税がかかります。

なお、延滞税・加算税などの附帯税や連帯納付義務額については、延納の対象になりません（相基通38－5）。

●●●●●●●●●●●●●　解　説　●●●●●●●●●●●●●

延納するためには、下記の要件を満たす必要があります（相法38、39）。
要件①　納めるべき相続税が10万円を超えていること
要件②　現金で納付することが困難な金額の範囲内であること
要件③　「延納申請書」及び「担保提供関係書類」を期限までに提出すること
要件④　延納税額に相当する担保を提供すること（延納税額が100万円以下で、かつ、延納期間が3年以下である場合は担保を提供する必要はありません。）

(1)　**延納申請書の提出期限と提出先**

「延納申請書」「担保提供関係書類」は、延納申請をする相続税の納付期限までに、被相続人の死亡の時における住所地を所轄する税務署に提出する必要があり

ます（相法39①）。

「延納申請書」が期限に遅れて提出された場合には、その延納申請は却下されますので注意が必要です。

〈延納手続の流れ〉

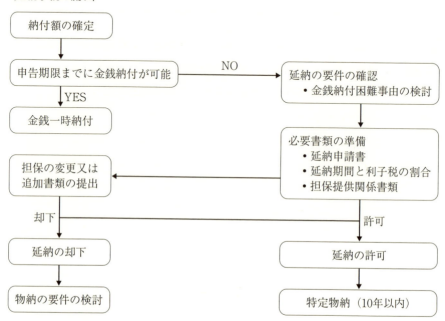

(2) **提出する書類**

延納申請の際に税務署に提出する書類は、次の通りです（相法39①）。

① 相続税延納申請書
② 各種確約書
③ 金銭納付を困難とする理由書
④ 延納申請書別紙（担保目録及び担保提供書）
⑤ 不動産等の財産の明細書
⑥ 担保提供関係書類（不動産を担保にする場合には登記事項証明書等）

(3) 提出期限の延長

延納申請期限までに担保提供関係書類を提出できない場合には、「担保提供関係書類提出期限延長届出書」を延納申請書と共に提出することにより、1回につき3か月の範囲で期限延長することができ、最長6か月まで延長することができます（相法39⑥⑦⑧）。

なお、上記(2)①～⑤については、提出期限の延長の対象とはなりません。

(4) 審査期間

延納申請が行われた場合には、延納申請書の提出期限の翌日から起算して3か月以内に許可又は却下が行われます（相法39㉒）。

ただし、担保財産が多数ある場合や積雪などの気象条件により担保財産の審査ができない場合などには、審査期間が最長6か月まで延長される場合があります（相法39㉓㉔）。

また、申請者が提出書類の提出期限の延長を行った場合にも、その延長した期間が審査期間に加算されます。

審査期間を経過しても許可又は却下がされない場合には、延納申請の許可があったものとみなされます（相法39㉘）。

(5) 担保の変更、追加提供

税務署に提出した担保提供書類に基づき、担保財産の調査の結果、担保として不適格又は担保の価額が必要な価額に満たないと判断された場合には、担保の変更又は担保の追加提供が求められます（相法39㉒）。

(6) 担保として不適格な財産

担保となる財産は、その担保に係る国税を徴収できる金銭価値を有するものでなければならないことから、一般的に次に掲げるようなものは担保として不適格とされます。

① 法令上担保権の設定又は処分が禁止されているもの
② 違法建築、土地の違法利用のため建物除去命令等がされているもの

③ 共同相続人間で所有権を争っている場合など、係争中のもの
④ 売却できる見込みのないもの
⑤ 共有財産の持分（共有者全員が持分全部を提供する場合を除く。）
⑥ 担保に係る国税の附帯税を含む全額を担保としていないもの
⑦ 担保の存続期間が延納期間より短いもの
⑧ 第三者又は法定代理人等の同意が必要な場合に、その同意が得られないもの

2 延納できる期間と利子税の割合

Q 相続税を延納する場合、何年間にわたって延納することができますか。また、利子税はどの程度かかりますか。

A 延納できる期間と延納期間中の利子税の割合については、その相続人の相続税の計算の基礎となった財産のうち、不動産などの割合に応じて決まります。

● ● ● ● ● ● ● 解　説 ● ● ● ● ● ● ●

延納できる期間と延納に係る利子税の割合は、相続財産に占める不動産等の割合に応じ次の表の通りです（相法52、相令14、措法70の10、措令40の11）。

区　　分			延納期間（最長）	利子税割合（年割合）	特例割合（延納特例基準割合が1.6％の場合）
相続税	不動産等の割合が75％以上の場合	① 動産等に係る延納相続税額	10年	5.4％	1.1％
		② 不動産等に係る延納相続税額（③を除く）	20年	3.6％	0.7％
		③ 森林計画立木の割合が20％以上の場合の森林計画立木に係る延納相続税額	20年	1.2％	0.2％
	不動産等の割合が50％以上75％未満の場合	④ 動産等に係る延納相続税額	10年	5.4％	1.1％
		⑤ 不動産等に係る延納相続税額（⑥を除く）	15年	3.6％	0.7％
		⑥ 森林計画立木の割合が20％以上の場合の森林計画立木に係る延納相続税額	20年	1.2％	0.2％

相続税	不動産等の割合が50%未満の場合	⑦ 一般の延納相続税額（⑧～⑩を除く）	5年	6.0%	1.3%
		⑧ 立木の割合が30%を超える場合の立木に係る延納相続税額（⑩を除く）	5年	4.8%	1.0%
		⑨ 特別緑地保全地区等内の土地に係る延納相続税額	5年	4.2%	0.9%
		⑩ 森林計画立木の割合が20%以上の場合の森林計画立木に係る延納相続税額	5年	1.2%	0.2%
（参考）贈与税		全部	5年	6.6%	1.4%

(1) 「不動産等の割合」とは

　不動産等とは、不動産、不動産の上に存ずる権利、立木、事業用の減価償却資産、特定同族会社の株式や出資をいい、不動産等の割合とは、相続又は遺贈により取得した財産で、相続税額の計算の基礎となったものの価額の合計額のうち、不動産等の価額が占める割合をいいます（相法38①）。

　農地の納税猶予の特例を受ける場合の判定については、特例適用農地等の価額は農業投資価格により計算することになります。

(2) 延納期間について

　延納税額が150万円未満（表②、③及び⑥に該当する場合は200万円未満）の場合には、不動産等の価額の割合が50％以上（表②及び③に該当する場合は75％以上）であっても、延納期間は延納税額を10万円で割った数（1未満の端数は、切り上げ）に相当する年数が限度になります（相法38①）。

　例：延納税額125万円の場合…125万円÷10万円＝12.5→13　延納期間13年以内

　表③及び⑥については、市町村長から認定を受けた森林経営計画等で一定の要件を満たすものは、延納期間が最長40年になります（措法70の8の2①）。

(3) 延納に係る利子税の特例割合

平成26年1月1日以降の期間に適用される利子税の割合は、各分納期間の延納特例基準割合が7.3％に満たない場合には、次の算式により計算される割合（特定割合）が適用されます（措法93③）。

$$\text{特例割合（0.1％未満の端数切捨て）} = \text{延納利子税割合} \times \frac{\text{延納特例基準割合}}{7.3\%}$$

延納特例基準割合とは、各分納期間の開始の日の属する年の前々年の10月から前年の9月までの各月における銀行の新規の短期貸付約定平均金利の合計を12で除して得た割合として各年の前年の12月15日までに財務大臣が告示する割合に、年1％の割合を加算した割合をいい、平成30年に告示された割合が0.6％であったため、平成31年1月1日～平成31年12月31日に適用される延納特例基準割合は、0.6％＋1％＝1.6％となります（措法93②）。

(4) 延納に係る利子税の計算方法

延納税額に対する利子税の計算は、次の算式により計算します。

$$\text{第1回目の納付分：延納税額} \times \text{利子税の割合} \times \frac{\text{期間（日数）}}{365\text{日}}$$

$$\text{第2回目以降の納付分：}(\text{延納税額} - \text{前回までの分納税額の合計}) \times \text{利子税の割合} \times \frac{\text{期間（日数）}}{365\text{日}}$$

① 不動産等に係る延納税額、及び、動産等に係る延納税額を基礎として計算します。それぞれの税額が10,000円未満の場合には、利子税を納付する必要がありません（通則法118③）。

② 本税の額に10,000円未満の端数があるときは、これを切り捨てて計算します（通則法118③）。

③ 計算した利子税の額が1,000円未満となる場合は、納付不要です。

④ また、その額が1,000円以上の場合、計算した利子税の額は、100円未満の端数を切り捨てます（通則法119④）。

3　延納における担保の提供

Q 相続税を延納する場合、延納税額に相当する担保を提供する必要があるとのことですが、どのようなものを担保に提供することができますか。

A 延納する場合には、一定の金額に相当する担保を提供する必要があります。

延納税額が100万円以下（平成27年3月31日以前提出の場合は50万円未満）かつ延納期間が3年以下の場合は担保を提供する必要はありません（相法38④）。

担保に提供する財産は、相続等により取得した財産に限らず、相続人が所有する財産や、第三者が所有する財産等でも担保に提供することが可能です。

● ● ● ● ● ● ● ● ● ● ● ● ● ● 解　説 ● ● ● ● ● ● ● ● ● ● ● ● ● ●

担保に提供できる財産及びその財産の見積価額は、次の通りです（通則法50、納税の猶予等の取扱要領主要項目第4章第2節担保、通基通（徴収部関係）第50条関係担保の種類）。

	担保に提供できる財産	担保としての見積価額
①	国債	原則として券面金額
②	地方債、社債その他の有価証券で税務署長等が確実と認めるもの	評価額の8割以内で担保提供期間中に予測される価格の変動を考慮した金額
③	土地	時価の8割以内で適当と認める金額（建物がある場合は、借地権等相当額が減額される場合があります。）
④	建物、立木、船舶、自動車などで保険に附したもの	時価の7割以内で担保提供期間中に予測される価額の減耗等を考慮した金額
⑤	鉄道財団、工場財団、鉱業財団など	時価の7割以内で担保提供期間中に予測される価額の減耗を考慮した金額
⑥	税務署長等が確実と認める保証人の保証	延納税額が不履行（滞納）となった場合に、保証人から徴収することができると見込まれる金額

第5章　納税等

担保として提供することが必要な金額は、次の算式により計算します。

> 担保財産の見積価額＞延納税額＋第1回目の分納税額の利子税の額×3

どの財産を担保に提供するか選定する場合には、担保として認められている財産の中で、なるべく処分が容易で、価額の変動が少ないものを選びましょう。

(1) 土地、建物を担保に提供する場合の提出書類は下記の通りです。財産の状況によっては担保に提供することができないことがあるため、注意が必要です（相規20②）。

		提出書類	注意点
土地	①	登記事項証明書（登記簿謄本）	譲渡について制限のある土地は担保に提供することはできません。
	②	固定資産税評価証明書	
	③	抵当権設定登記承諾書	
	④	印鑑証明書	
建物	⑤	登記事項証明書（登記簿謄本）	下記の建物については、担保として提供することができません。 ① 火災保険に加入していない建物 ② 違法建築又は土地の違法利用のため、建物除去命令等がされているもの ③ 法令上担保権の設定又は処分が禁止されているもの ④ 借地上の建物で担保物処分の際に、借地権の譲渡についてあらかじめ地主の同意が得られないもの
	⑥	固定資産税評価明細書	
	⑦	抵当権設定登記承諾書	
	⑧	印鑑証明書	
	⑨	裏書承諾等のある保険証券など	

(2) 「延納すること」と「不動産を売却して納税資金を捻出すること」のメリット・デメリットを理解した上で、延納を検討しましょう。

	メリット	デメリット
延納	・分割して相続税を支払える	・延納期間中利子税がかかる
不動産売却	・相続税評価額＜売却価額の場合、納税後にも手元に資金が残る ・利子税がかからない	・その不動産から収益を得られなくなる ・申告期限までに売却先を見つけなければならず、時間的制約がある ・売却に伴う所得税・住民税・健康保険の負担が必要となる

4　延納許可限度額

Q 父が亡くなり財産を相続しましたが、ほとんどが土地で申告期限までに売却することもできないため、金銭で全額を納付することができません。他に方法があるでしょうか。

A 納税方法の原則は金銭納付です。納期限までに金銭で納付することが困難な場合は、「金銭で納付することが困難な金額」を限度として延納が認められます。

●●●●●●●●●●●●●●● 解　説 ●●●●●●●●●●●●●●●

金銭納付が困難な金額（延納許可限度額）は、次のように計算します（相令12、相基通38－2）。

延納申請書の別紙「金銭納付を困難とする理由書」を作成し、計算の根拠となった資料等の写しを添付して、提出する必要があります。

① 納付すべき相続税額		
現金納付額	② 納期限において有する現金、預貯金その他の換価が容易な財産（上場株式、ゴルフ会員権、養老保険など）の価額に相当する金額	
	③ 申請者及び生計を一にする配偶者その他の親族の3か月分の生活費	
	④ 申請者の事業の継続のために当面（1か月分）必要な運転資金の額	
	⑤ 納期限に金銭で納付することが可能な金額（これを「現金納付額」といいます。）（②－③－④）	
⑥ 延納許可限度額　（①－⑤）		

上記②の納期限において有する現預金は、相続した現預金や換価が容易な財産だけでなく、延納申請をする者が相続前から所有していた固有の現預金等を含むため、現預金等をかき集めてもなお不足する部分が、延納対象になります。

上記③の３か月分の生活費の金額とは、次の算式により計算します。

(イ)	申請者　100,000円×12
(ロ)	配偶者その他の親族　（　　　人）×45,000円×12
(ハ)	前年の所得税、地方税、社会保険料の金額
(ニ)	生活費の検討に当たって加味すべき金額
(ホ)	((イ)+(ロ)+(ハ)+(ニ))×3／12

上記(ニ)の生活費の検討に当たっては、教育費や医療費など根拠資料があれば生活費として加味することができるので、事前に細かく家計簿をつけておき、収支を把握しておくと役立つでしょう。

なお、配偶者その他親族に収入がある場合の、上記(ホ)の金額は、{(イ)+(ロ)+(ハ)+(ニ)}×申請者の前年の収入(A)／{(A)＋配偶者その他親族の収入}×3／12の算式で計算し、申請者が負担する生活費の額に引き直す必要があります。

Ⅲ 物　納

1　物納の概要

Q 父の相続に係る相続税が多額に上りますが、相続財産は不動産が占める割合が高く、現預金で相続税を納付することができません。
相続財産で納付する物納制度について教えてください。

A

相続税は、納付期限までに金銭により一時納付することが原則ですが、延納によっても金銭納付が困難な場合で、一定の要件を満たすときは、不動産などの相続財産で納付すること（物納）が認められています。

ただし、物納可能額＝（相続税額）−（金銭納付額）−（延納で納付できる金額）であるため、物納による納付方法は最終手段といえます。

●●●●●●●●●●　解　説　●●●●●●●●●●

物納するためには、下記の要件を満たす必要があります（相法41）。

要件①　延納によっても金銭で納付することが困難な金額の範囲内であること
要件②　物納申請財産は、納付すべき相続税の課税価格計算の基礎となった相続財産のうち、次に掲げる財産及び順位で、その所在が日本国内にあること

順　位	物納に充てることができる財産の種類
第一順位	①　不動産、船舶、国債証券、地方債証券、上場株式等[※1] 　※1　特別の法律により法人の発行する債券及び出資証券を含み、短期社債等を除く。 ②　不動産及び上場株式のうち物納劣後財産（192ページ参照）に該当するもの

第二順位	③ 非上場株式等※2 ※2 特別の法律により法人の発行する債券及び出資証券を含み、短期社債等を除く。	
	④ 非上場株式のうち物納劣後財産（192ページ参照）に該当するもの	
第三順位	⑤ 動産	

※ 特定登録美術品は、上記の順位にかかわらず物納に充てることができます。

要件③ 物納に充てることができる財産は、管理処分不適格財産に該当しないものであること、及び、物納劣後財産に該当する場合には、他に物納に充てるべき適当な財産がないこと

要件④ 「物納申請書」及び「物納手続関係書類」を物納申請期限までに提出していること

(1) 物納申請書の提出期限と提出先

「物納申請書」「物納手続関係書類」は、物納申請をする相続税の申告期限までに、被相続人の死亡の時における住所地を所轄する税務署長に提出する必要があります（相法42①）。「物納申請書」が期限に遅れて提出された場合には、その物納申請は却下されますので注意が必要です。

〈物納手続の流れ〉

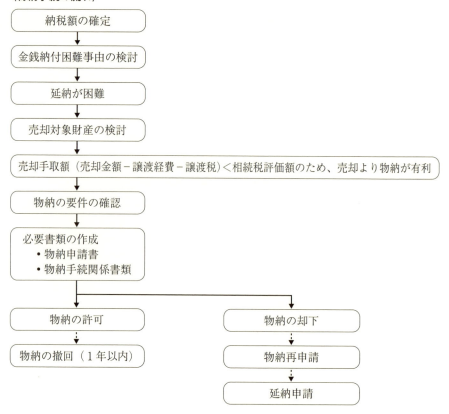

(2) 提出する書類

物納申請の際に税務署に提出する書類は、次の通りです（相法42①）。

① 物納申請書
② 物納財産目録
③ 金銭納付を困難とする理由書、その内容を説明する資料の写し
④ 物納劣後財産等を物納に充てる理由書（物納劣後財産を物納する場合）
⑤ 物納手続関係書類

(3) 提出期限の延長

物納申請期限までに上記(2)⑤の「物納手続関係書類」が提出できない場合は、「物

納手続関係書類提出期限延長届出書」を物納申請書と共に提出することにより、1回につき3か月の範囲で期限延長することができ、最長1年間まで延長することができます（相法42④～⑥）。

提出期限の延長を行った期間については、利子税がかかります。

なお、上記(2)①～④については、提出期限の延長の対象にはなりません。

(4) 審査期間

物納申請が行われた場合には、物納申請期限の翌日から起算して3か月以内に許可又は却下が行われます（相法42②）。

ただし、物納申請財産が多数ある場合や積雪などの気象条件により財産の確認ができない場合などには、この審査期間を最長9か月まで延長される場合があります（相法42⑯⑰）。

2　物納許可限度額と物納に充てることができる財産

Q 不動産を物納する場合、どのような金額で評価されますか。時価で収納してくれるのでしょうか。

A

物納財産は、原則として相続税の課税価格計算の基礎となった価額（相続税評価額）によって収納されます。

ただし、収納までの期間で物納財産の状況に相続時と比べて著しい変化があった場合には、収納の時の現況によって評価した価額となります。

●●●●●●●●●●●●●●　解　説　●●●●●●●●●●●●●●

物納許可限度額は、次のような手順により計算します（相令17、相基通41－1）。

① 納付すべき相続税額	
現金納付額	② 納期限において有する現金、預貯金その他の換価が容易な財産（上場株式、ゴルフ会員権、養老保険など）の価額に相当する金額
	③ 申請者及び生計を一にする配偶者その他の親族の3か月分の生活費
	④ 申請者の事業の継続のために当面（1か月分）必要な運転資金の額
	⑤ 納期限に金銭で納付することが可能な金額（これを「現金納付額」といいます。）（②－③－④）
延納によって納付することができる金額	⑥ 年間の収入見込額
	⑦ 申請者及び生計を一にする配偶者その他の親族の年間の生活費
	⑧ 申請者の事業の継続のために必要な運転資金の額
	⑨ 年間の納付資力（⑥－⑦－⑧）
	⑩ おおむね1年以内に見込まれる臨時的な収入
	⑪ おおむね1年以内に見込まれる臨時的な支出
	⑫ 上記③及び④
	⑬ 延納によって納付することができる金額 ｛⑨×最長延納年数＋（⑩－⑪＋⑫）｝
⑭ 物納許可限度額（①－⑤－⑬）	

第5章　納税等

(1) 収納価額の注意点

　物納財産は、原則として、相続税の課税価格計算の基礎となった価額（相続税評価額）によって収納されます（相法43）。

　「小規模宅地等についての相続税の課税価格の計算の特例」の適用がある財産については、特例適用後の価格が収納価額となります。

　なお、税務署長は、相続開始の時から収納の時までにその財産の状況に著しい変化を生じたときは、収納時の現況によりその財産の収納価額を定めることができるとされています。

　「財産の状況について著しい変化を生じた場合」とは、次のような場合をいいます（相基通43－3）。

① 土地の地目変換があった場合又は荒地となった場合
　（注）　地目変換の判断は、現況の利用状況で判断されます。
② 引き続き居住の用に供する土地又は家屋を物納する場合
③ 所有権以外の物権又は借地権・賃借権の設定、変更又は消滅があった場合
④ 上記以外に、その財産の使用、収益又は処分について制限が付けられた場合

(2) 物納することができない財産

　物納に充てることができる財産は、物納適格財産でなければなりません。

　次に掲げる財産は、「管理処分不適格財産（限定列挙）」であり、物納することは認められません（相法41②、相令18）。

管理処分不適格財産（例示：不動産の場合）

①	担保権が設定されていること、その他これに準ずる事情がある不動産
②	権利の帰属について争いのある不動産
③	境界が明らかでない土地
④	隣接する不動産の所有者その他の者との争訟によらなければ通常の使用ができないと見込まれる不動産
⑤	他の土地に囲まれて公道に通じない土地で、民法第210条（公道に至るための他の土地の通行権）の規定による通行権の内容が明確でないもの
⑥	借地権の目的となっている土地で、当該借地権を有する者が不明であること、その他これに類する事情のあるもの

⑦	他の不動産（他の不動産の上に存する権利を含む。）と社会通念上一体として利用されている不動産若しくは利用されるべき不動産又は二以上の者の共有に属する不動産
⑧	耐用年数を経過している建物（通常の使用ができるものを除く。）
⑨	敷金の返還に係る債務その他の債務を国が負担することとなる不動産
⑩	管理又は処分を行うために要する費用の額が、その収納価額と比較して過大となると見込まれる不動産
⑪	公の秩序又は善良の風俗を害するおそれのある目的に使用されている不動産、その他社会通念上適切でないと認められている目的に使用されている不動産
⑫	引渡しに際して通常必要とされる行為がされていない不動産
⑬	地上権、永小作権、賃借権その他の使用及び収益を目的とする権利が設定されている不動産で、次に掲げる者がその権利を有しているもの ・暴力団員による不当な行為の防止等に関する法律第2条第6号に規定する暴力団員又は暴力団員でなくなった日から5年を経過しない者（以下「暴力団員等」という。） ・暴力団員等によりその事業活動を支配されている者 ・法人で暴力団員等を役員等（取締役、執行役、会計参与、監査役、理事及び監事並びにこれら以外の者で当該法人の経営に従事している者並びに支配人）とするもの

(3) 物納劣後財産

　次に掲げるような財産を「物納劣後財産」といい、他に物納に充てるべき適当な財産がない場合に限り、物納に充てることができます。

　適格財産が他にある場合には、物納劣後財産は物納に充てることはできません（相法41④、相令19）。

物納劣後財産（例示：不動産の場合）

①	地上権、永小作権若しくは耕作を目的とする賃借権、地役権又は入会権が設定されている土地
②	法令の規定に違反して建築された建物及びその敷地
③	土地区画整理法による土地区画整理事業等の施行に係る土地につき、仮換地又は一時利用地の指定がされていない土地（当該指定後において使用又は収益をすることができない土地を含む。）
④	現に納税義務者の居住の用、又は事業の用に供されている建物及びその敷地（当該納税義務者が当該建物及びその敷地について物納の許可を申請する場合を除く。）

⑤	劇場、工場、浴場その他の維持又は管理に特殊技能を要する建物及びこれらの敷地
⑥	建築基準法第43条第1項に規定する道路に2m以上接していない土地
⑦	都市計画法の規定による都道府県知事の許可を受けなければならない開発行為をする場合において、当該開発行為が開発許可の基準に適合しないときにおける当該開発行為に係る土地
⑧	都市計画法に規定する市街化区域以外の区域にある土地（宅地として造成できるものを除く。）
⑨	農業振興地域の整備に関する法律の農業振興地域整備計画において、農用地区域として定められた区域内の土地
⑩	森林法の規定により、保安林として指定された区域内の土地
⑪	法令の規定により、建物の建築をすることができない土地（建物の建築をすることができる面積が著しく狭くなる土地を含む。）
⑫	過去に生じた事件又は事故その他の事情により、正常な取引が行われないおそれがある不動産、及びこれに隣接する不動産

3　物納を選択する場合の留意点

Q 相続が発生した場合には、不動産の物納を検討しています。事前に準備しておくことはありますか。

A

不動産を物納する場合、地積測量図、境界確認書、契約関係を明らかにするための書類などは、物納申請時に提出する必要があります。

物納申請予定地については、相続開始前に境界立会いを行い、境界確認を行っておくなど、事前準備を行っておくと良いでしょう。

●●●●●●●●●●●●●●　解　説　●●●●●●●●●●●●●●

(1) 物納に当たっての留意点

定められた要件を満たす場合には、どの不動産を物納に充てるのかは納税者の選択により行うことができます。

相続税の納税のために不動産を売却するのか、物納を選択するのかは、申告期限までに判断し、測量等の手続を完了する必要があるため、迅速な対応が求められます。

生前より、所有する不動産を「資産価値・収益性の高い不動産」と「そうでない不動産」や、「残すべき不動産」と「換金処分もやむを得ない不動産」に区分し、資産価値が高く残したい不動産を残せるように、事前に判断しておくことが大切です。

〈物納・売却を選択する場合のチェックポイント〉

	チェックポイント	☑
①	収益性が悪い土地であるか	☐
②	形状の悪い土地であるか	☐
③	自宅から離れている土地であるか	☐

④	残すことにこだわらない土地なのか	☐
⑤	「相続税評価額」＞「売却手取額」であるか	☐
⑥	底地であるか	☐
⑦	必要な納税資金が得られる土地であるか	☐

⇒一つでもYesなら、物納又は売却を検討しましょう。

(2) 物納申請に必要な書類

土地を物納する場合に提出が必要な書類は、次の通りです。

土地を物納する場合に共通して、提出する必要があるもの	
①	登記事項証明書（登記簿謄本）
②	公図の写し及び物納申請土地の所在を明らかにする住宅地図の写し等
③	地積測量図
④	境界線に関する確認書
⑤	物納申請土地の維持及び管理に関する費用の明細書
⑥	物納財産収納手続書類提出等確約書
⑦	電柱の設置に係る契約書の写し
⑧	土地上の工作物等の図面
⑨	建物・工作物等の配置図

その不動産の状況に応じて、共通書類に追加して提出すべき書類があります。
例えば貸宅地を物納する場合の追加書類は下記の通りです。

貸宅地を物納する場合に、提出する必要があるもの	
①	土地賃貸借契約書（写し）
②	賃借地の境界に関する確認書
③	賃借人ごとの賃借地の範囲の面積及び境界を確認できる実測図等
④	物納申請前3か月間の地代の領収書の写し
⑤	敷金等に関する確認書
⑥	賃借料の領収書等の提出に関する確約書
⑦	誓約書（暴力団員等に該当しないことを賃借人が誓約した書類）

(3) 物納の再申請

　物納申請を却下された場合に、その理由が、物納申請財産が管理処分不適格財産に該当すること、又は物納劣後財産に該当するもので他に適当な価額の財産があるときには、却下通知書を受領した日の翌日から20日以内に、他の財産により「相続税物納申請書」を提出することにより、物納の再申請をすることができます。

　物納申請が却下されたことによる再申請は、却下された財産ごとに一回に限り行うことができます（相法45①、相基通44－1）。

(4) 物納から延納への変更

　申請者が自発的に物納申請を取り下げた場合、物納から延納への変更はできません。

　物納申請を却下された場合に、その理由が、延納によっても金銭で納付することを困難とする事由がないこと、又は、物納申請税額が延納によっても金銭で納付することが困難な金額より多いと判断されたものであるときは、「相続税物納却下通知書」を受領した日の翌日から起算して20日以内に「相続税延納申請書」を提出することにより、物納が却下された相続税額について、延納の申請をすることができます（相法44①）。

(5) 物納の撤回

　賃借権などが設定されている土地又は家屋について物納の許可を受けた後に、物納税額を金銭により一時に納付又は延納により納付ができることとなったときは、その物納の許可を受けた日の翌日から起算して1年以内に限り、「物納撤回承認申請書」等にて申請することで、税務署長の承認を得てその物納を撤回することができます（相法46）。

　なお、納期限又は納付すべき日に翌日から完納の日までの期間については、利子税がかかります（相法53③）。

Ⅳ 更正の請求

1 更正の請求の概要

Q 相続税の申告書を法定申告期限内に提出し、納税も済ませました。
しかし、後になって申告書を見直したところ、被相続人の借入金の債務控除が一部漏れており、その結果、相続税を過大に納付していることが判明しました。何か救済される方法はありませんか。

A

相続税について更正の請求を行うことで、納め過ぎた相続税額の還付を受けることができます。

ただし、更正の請求は、法定申告期限から5年以内に行う必要があります。

また、請求の際には、請求の理由の基礎となる事実を証明する書類を添付しなければなりません。

・・・・・・・・・・ 解　説 ・・・・・・・・・・

更正の請求とは、納付すべき税額を過大に申告した場合の救済手続で、法定申告期限から5年以内に、納税地の所轄税務署長に「更正の請求書」を提出することにより行います。

なお、相続税は後発的事由により負担すべき税額が変動することがあるため、別途、相続税法特有の後発的事由による更正の請求が認められています。

請求事由	具体的事由	請求期限
① 一般的な事由によるもの（通則法23①）	申告書に記載した課税価格又は税額の計算に誤りがあり、納付税額が過大である場合	法定申告期限から5年以内

② 後発的事由によるもの（通則法23②）	申告に係る課税価格等の計算の基礎となった事実が判決により異なることが確定した場合等	確定した日の翌日から起算して2か月以内
③ 相続税法特有の後発的事由によるもの（相法32）	未分割財産が遺産分割協議により分割され、課税価格及び税額が過大となった場合等	左記事由が生じた日を知った日の翌日から4か月以内

本事例は、①の「一般的な事由によるもの」に該当するため、法定申告期限から5年以内であれば、更正の請求を行うことで納め過ぎた相続税額を還付してもらうことができます。

更正の請求は、上記の通り請求の事由ごとに請求期限が異なり、その請求期限を過ぎた場合には救済されませんので、注意が必要です。

特に、②の「後発的事由による場合」の「確定した日」がいつなのか、③の「相続税法特有の事由による場合」の「事由が生じた日を知った日」がいつなのか、を正確に把握・理解していないと、請求期限が過ぎてしまうおそれがあります。

〈後発的事由によるもの〉（通則法23②）

①	申告、更正又は決定に係る課税標準等の計算の基礎となった事実に関する訴えについての判決により、その事実がその計算の基礎としたところと異なることが確定した場合
②	申告、更正又は決定に係る課税価格等の計算に当たって、その申告をし又は決定等を受けた者に帰属するものとされていた課税財産が他の者に帰属するものとする他の者に係る国税についての更正又は決定があった場合
③	法定申告期限後に生じた①又は②に類するやむを得ない理由があるとき

〈相続税法特有の後発的事由によるもの〉（相法32①、相令8②）

①	未分割遺産が共同相続人又は包括受遺者により分割されたこと
②	認知、相続人の廃除又はその取消しに関する裁判の確定、相続の回復、相続の放棄の取消し等により相続人に異動が生じたこと
③	遺留分による減殺の請求に基づき返還すべき、又は弁償すべき額が確定したこと
④	遺贈に係る遺言書が発見され、又は遺贈の放棄があったこと

⑤	条件を付して物納が許可された場合で、その条件に係る物納財産の性質その他の事情に関して一定の事由が生じたこと
⑥	相続又は遺贈により取得した財産について権利の帰属に関する訴えについての判決があったこと
⑦	民法第910条（相続の開始後に認知された者の価額の支払請求権）の規定による請求があったことにより弁済すべき額が確定したこと
⑧	条件付き遺贈について、条件が成就したこと
⑨	その他

　また、更正の請求に当たっては、その請求の理由の基礎となる事実を証明する書類を添付しなければなりません（通則令6②）。

2　地積規模の大きな宅地の評価の適用を失念していた場合

Q 相続税の申告書の提出期限後に、相続財産である農地の一部について、地積規模の大きな宅地の評価が、市街地農地についても適用が可能であることに気づきました。

この場合、更正の請求はできますか。

A

更正の請求を行うことができます。

ただし、更正の請求ができる期間は、法定申告期限から5年以内に限られます。

― 解　説 ―

平成30年1月1日以後の相続・遺贈・贈与から、「広大地の評価」が廃止され、「地積規模の大きな宅地の評価」が新設されています。

(1)　地積規模の大きな宅地とは

「地積規模の大きな宅地」とは、三大都市圏においては500㎡以上の地積の宅地、三大都市圏以外の地域においては1,000㎡以上の地積の宅地をいいます。

ただし、次のいずれかに該当する宅地は、地積規模の大きな宅地から除かれます。

①　市街化調整区域(開発行為を行うことができる区域を除く)に所在する宅地
②　都市計画法の用途地域が『工業専用地域』に指定されている地域に所在する宅地
③　指定容積率が400％（東京都の特別区においては300％）以上の地域に所在する宅地
④　財産評価基本通達22－2に定める大規模工場用地

路線価地域においては、上記のうち「地積規模の大きな宅地」の対象となる宅地は、「普通商業・併用住宅地区」「普通住宅地区」に所在するものとなります。

なお、市街地農地についても、地積規模の大きな宅地の評価の適用要件を満たす場合には、適用が可能です。

(2) 評価方法（路線価地域に所在する場合）

路線価に、奥行価格補正率や不整形地補正率などの「各種画地補正率」と「規模格差補正率」を乗じて求めた価額に、地積を乗じて計算した価額によって評価します。

> 評価額＝路線価×各種画地補正率×規模格差補正率×地積（㎡）

なお、市街地農地については、「地積規模の大きな宅地の評価」を適用した後、宅地造成費相当額を別途控除して評価することとなります。

> 評価額＝（路線価×各種画地補正率×規模格差補正率－宅地造成費）×地積（㎡）

(3) 規模格差補正率

規模格差補正率は、次の算式により計算します。（小数点以下第2位未満切り捨て）

$$規模格差補正率 = \frac{(A) \times (B) + (C)}{地積規模の大きな宅地の地積 (A)} \times 0.8$$

上記算式中の(B)及び(C)は、地積規模の大きな宅地の所在する地域に応じて、それぞれ次の表の通りです。

① 三大都市圏に所在する宅地

地　　積	普通商業・併用住宅地区 普通住宅地区	
	(B)	(C)
500㎡以上　1,000㎡未満	0.95	25
1,000㎡以上　3,000㎡未満	0.90	75
3,000㎡以上　5,000㎡未満	0.85	225
5,000㎡以上	0.80	475

② 三大都市圏以外の地域に所在する宅地

地　　積	普通商業・併用住宅地区 普通住宅地区	
	(B)	(C)
1,000㎡以上　3,000㎡未満	0.90	100
3,000㎡以上　5,000㎡未満	0.85	250
5,000㎡以上	0.80	500

3　未分割財産が分割されたことにより、税額が減少する場合

Q 相続税の法定申告期限内に遺産分割協議が成立しなかったため、法定相続分に基づいた申告を行い、納税を済ませました。

その後、遺産分割協議が成立し、法定相続分より少ない財産を取得することになり、その結果納付すべき税額が過大となりました。

この場合、更正の請求はできますか。

A

更正の請求を行うことができます。

ただし、遺産分割協議が成立した日の翌日から4か月以内に行う必要があります。

・・・・・・・・・・・・・・・・ 解　説 ・・・・・・・・・・・・・・・・

相続税法第32条に規定する相続税法特有の後発的事由による更正の請求事由に該当する場合には、遺産分割協議が成立した日の翌日から4か月以内に更正の請求を行うことにより、税額の還付を受けることができます。

相続税法第32条に規定する相続税法特有の後発的事由には以下のものがあります。当該事例は①に該当することになります。

〈相続税法特有の後発的事由によるもの〉（相法32①、相令8②）

①	未分割遺産が共同相続人又は包括受遺者により分割されたこと
②	認知、相続人の廃除又はその取消しに関する裁判の確定、相続の回復、相続の放棄の取消し等により相続人に異動が生じたこと
③	遺留分による減殺の請求に基づき返還すべき、又は弁償すべき額が確定したこと
④	遺贈に係る遺言書が発見され、又は遺贈の放棄があったこと
⑤	条件を付して物納が許可された場合で、その条件に係る物納財産の性質その他の事情に関して一定の事由が生じたこと

⑥	相続又は遺贈により取得した財産について権利の帰属に関する訴えについての判決があったこと
⑦	民法第910条（相続の開始後に認知された者の価額の支払請求権）の規定による請求があったことにより弁済すべき額が確定したこと
⑧	条件付き遺贈について、条件が成就したこと
⑨	その他

なお、配偶者の税額軽減や小規模宅地等の特例などは、期限内の申告書に「申告期限後3年以内の分割見込書」を添付して提出しており、相続税の申告期限から3年以内に分割がされた場合に、更正の請求を行うことにより、特例の適用を受けることができます（相法19の2、措法69の4）。

ただし、申告期限後3年を経過する日において、相続に関する訴えが提起されているなど一定のやむを得ない事情がある場合には、申告期限後3年を経過する日の翌日から2か月を経過する日までに「遺産が未分割であることについてやむを得ない事由がある旨の承認申請書」を提出し、税務署長の承認を受ける必要があります（相令4の2、措令40の2）。

上記の期間内に承認申請書の提出がなかった場合には、その後に分割が確定したとしても、更正の請求で、配偶者の税額軽減や、小規模宅地等の特例などの適用ができませんので、注意が必要です。

〈申告期限後3年を経過する日におけるやむを得ない事情〉

①	相続等に関する訴えの提起がされている場合（相続等に関する和解又は調停の申立てがされている場合において、これらの申立ての時に訴えの提起がされたものとみなされるときを含む。）
②	相続等に関する和解、調停又は審判の申立てがされている場合
③	相続等に関し、民法第907条第3項（遺産の分割の協議又は審判等）若しくは民法第908条（遺産の分割の方法の指定及び遺産の分割の禁止）の規定により遺産の分割が禁止され、又は民法第915条第1項ただし書（相続の承認又は放棄をすべき期間）の規定により相続の承認若しくは放棄の期間が伸長されている場合（相続等に関する調停又は審判の申立てがされている場合において、その分割の禁止をする旨の調停が成立し、又はその分割の禁止若しくはその期間の伸長をする旨の審判若しくはこれに代わる裁判が確定したときを含む。）
④	上記①～③に掲げる場合のほか、相続等に係る財産が相続に係る申告期限の翌日から3年を経過する日までに分割されなかったこと及びその財産の分割が遅延したことにつき、税務署長においてやむを得ない事情があると認める場合

4　小規模宅地等の特例の選択替えの場合

Q 相続税の当初申告では、A宅地について小規模宅地等の特例を選択していましたが、申告後にB宅地につき小規模宅地等の特例を選択した方が有利であることが判明しました。

この場合、更正の請求はできますか。

A

A宅地の小規模宅地等の特例が適法に選択されたものである限り、更正の請求は認められません。

● ● ● ● ● ● ● ● ● ● ● ● ●　解　説　● ● ● ● ● ● ● ● ● ● ● ● ●

小規模宅地等の特例とは、相続開始の直前において被相続人等の事業用又は居住用の宅地等について、一定の限度面積までの部分について、80％又は50％の評価減を行うことができる特例です。

この特例の選択替えが更正の請求で可能かどうかは、国税通則法において、「課税標準等若しくは税額等の計算が国税に関する法律の規定に従っていなかったこと又は当該計算に誤りがあったことにより、当該申告書に係る納付すべき税額が過大である場合」に更正の請求が認められる旨が規定されていることから、次の通り判断することになります（通則法23①）。

①	当初申告において選択したA宅地につき、小規模宅地等の特例の適用要件を満たしており、かつ、税額等の計算に誤りがない場合	更正の請求はできない
②	当初申告において選択したA宅地につき、小規模宅地等の特例の適用要件を満たしていない場合、又は税額等の計算に誤りがある場合	更正の請求ができる

したがって、そもそも小規模宅地等の特例の適用要件を満たしていない事実が

判明した場合には更正の請求ができますが、選択に何らの法律上の瑕疵がない限りその選択替えは認められず、更正の請求はできません。

このように、更正の請求により小規模宅地等の特例の選択替えが認められる場合は限られているため、小規模宅地等の特例の選択は慎重に行う必要があります。

また、相続税の当初申告において小規模宅地等の特例を受けた宅地等が、遺留分減殺請求を受けたことにより、別の相続人が取得することとなった場合は、相続税法特有の後発的事由によるものに該当し、選択替えを行うことが可能です。

〈相続税法特有の後発的事由によるもの〉（相法32①、相令8②）

①	未分割遺産が共同相続人又は包括受遺者により分割されたこと
②	認知、相続人の廃除又はその取消しに関する裁判の確定、相続の回復、相続の放棄の取消し等により相続人に異動が生じたこと
③	遺留分による減殺の請求に基づき返還すべき、又は弁償すべき額が確定したこと
④	遺贈に係る遺言書が発見され、又は遺贈の放棄があったこと
⑤	条件を付して物納が許可された場合で、その条件に係る物納財産の性質その他の事情に関して一定の事由が生じたこと
⑥	相続又は遺贈により取得した財産について権利の帰属に関する訴えについての判決があったこと
⑦	民法第910条（相続の開始後に認知された者の価額の支払請求権）の規定による請求があったことにより弁済すべき額が確定したこと
⑧	条件付き遺贈について、条件が成就したこと
⑨	その他

V 税務調査

1 税務調査の概要

Q 私は、父の相続税の税務調査を受けることになりました。課税遺産額は約5億円で、農地について相続税の納税猶予の適用を受けています。相続税の税務調査は、どういった場合に行われますか。

A

相続税は実地調査率が高く、特に農地の納税猶予の適用を受けている場合には、修正が必要な場合の増加税額が一般の申告と比べて高くなるため、注意が必要です。

●●●●●●●●●●●● 解 説 ●●●●●●●●●●●●

相続税はそもそも申告書の提出件数が少なく、他の税目に比べ調査が行われる確率が高く、一般的に10件に1件の割合で税務調査が行われています。

例えば、課税価格が3億円を超えていたり、金融財産の動きに疑義がある場合に、実地調査が行われることが多いようです。

最近3年間の相続税の税務調査の実態は、次の通りです。

		H27年事務年度	H28年事務年度	H29年事務年度
①	被相続人数（死亡者数）	1,290,444人	1,307,748人	1,340,397人
②	税額が生じた相続税申告件数	103,043件	105,880件	111,728件
③	課税割合（②／①）	8.0%	8.1%	8.3%
④	実地調査件数	11,935件	12,116件	12,576件
⑤	税務調査実施割合（④／②）	11.6%	11.4%	11.3%
⑥	申告漏れ等の非違件数	9,761件	9,930件	10,521件
⑦	税務調査による非違割合（⑥／④）	81.8%	82.0%	83.7%

（国税庁統計）

上記の表から言えることは、次の通りです。

①	相続税が発生するのは100人に8人
②	相続税の税務調査は10件に約1件
③	税務調査が行われると追徴課税が発生するのは10件に8件

次のチェックポイントのうち、一つでも該当するものがあれば、税務調査が行われる可能性が高まりますので、これらのチェックを行った相続税申告書かどうか再確認が必要です。

〈税務調査が行われやすい申告書のチェックポイント〉

①	生前の収入に比して金融財産が少ない
②	相続人及び親族の財産が異常に多く、家族名義の金融資産のチェックが行われた形跡がない
③	生前の不動産や株式の譲渡代金、及び生前の退職金が相続税の申告書に反映されていない
④	多額の借入金があるのに、見合いの化体財産がない
⑤	相続直前の多額の預金引出し額に比し、手元現金の申告額が少額
⑥	配当金の受領があるのに、その元本株式が相続財産に計上されていない
⑦	生命保険料控除の申告があるのに、該当する保険金が申告されていない
⑧	使途が不明な出金が多い
⑨	財産の評価に係る内容が確認しにくく疎明資料の添付が少ない
⑩	課税価格が3億円を超える
⑪	農地の納税猶予の適用を受けている

農家の相続税申告についても、他の一般の方と同様な視点で申告書のチェックが行われます。

ただし、農地等の納税猶予の特例の適用を受けている場合は、終生営農が条件となっていますので、税務署の申告のチェックは厳しくなっています。

①	被相続人が死亡の日まで農業を営んでいたかどうか
②	農業相続人が主たる農業の従事者として、引き続き農業経営を継続できるのかどうか
③	特例適用農地について、農業相続人が主たる従事者として耕作しているか、他人・市民農園などに土地を貸していないかどうか
④	特例適用農地がすべて農地であるかどうか (農業用倉庫・コンクリート敷きの道路・雑木に該当する部分は、特例適用農地の対象外となります。)

　これらのうち、どれか１つでも非該当の場合、相続税の税務調査の対象になる可能性は高いと思われます。

　納税猶予対象の農地の評価誤りで修正申告により増加した相続税額に限り、納税猶予額の増額が認められますが、それ以外の財産について評価誤りや申告漏れがあったことで修正申告より増加した相続税額については、納税猶予の適用を受けることはできません。

　納税猶予額が当初申告で固定されることとなりますので、当初申告において、より一層申告漏れがないように留意する必要があります。

2　税務調査時の質問・確認事項

Q 相続税の税務調査の連絡が入り、臨宅調査が行われることになりました。臨宅調査ではどのようなことが聞かれるのか、不安です。調査官の質問・確認事項について教えてください。

A 相続税の税務調査では、一般的には、主に被相続人と相続人の金融資産の管理状況の確認を中心に、ポイントを絞って行われることが多く、その質問・確認事項には一定のパターンがあるため、申告内容を確認してポイントを整理しておきましょう。

● ● ● ● ● ● ● ● ● ● ● ● ●　解　説　● ● ● ● ● ● ● ● ● ● ● ● ●

通常、相続税の税務調査は2人で実施されます。1人は調査事案の担当者として、主に質問をし、確認が行われます。もう1人は補助者として、自宅内の預金通帳・保険証書の現物の証券番号・金額・契約書等を控えるなどします。

最初の1時間程度は、場の雰囲気を和ませるため、まずは生前の亡くなられた方の生活状況・職歴・病歴をはじめ差障りのない質問をして、その後、金庫などの重要書類の保管場所を確認し、特に印鑑の使用者と印影の確認をします。

被相続人の預金の管理状況・出金状況を確認しつつ、徐々に今回の税務調査のポイントに焦点が充てられることになります。

〈調査官からの標準的な質問・確認例〉

被相続人について	① 出身地について
	② 同居家族、兄弟について
	③ 死亡原因、病状と経過、入院歴及び入院費用について（本人の意思能力の程度）
	④ 生活状況、趣味、交友関係について
	⑤ 学歴、職業、経歴について

第5章　納税等

相続人について	⑥	相続人の職業、経歴
	⑦	相続人の家族の住所、年齢、職業、経歴
	⑧	生前贈与の有無
被相続人の収入・財産に関して	⑨	財産・お金の管理者は誰か
	⑩	預貯金の動きの確認（収入と生活とのバランス、日常的な残余資金、たんす預金）
	⑪	預金通帳は誰が保管・管理していたか
相続人の収入・財産に関して	⑫	預金通帳・保険証券の保管場所について
	⑬	退職金・死亡保険金の入金状況
	⑭	生前に預金から多額の出金がないか（手元現金の計上）
	⑮	銀行、証券会社担当者の自宅集金、訪問の有無
	⑯	遠方の銀行口座の有無
	⑰	いつまで被相続人が管理・運用していたか
	⑱	生活口座（公共料金・税金の振替口座）の確認
	⑲	生活費の負担関係について
	⑳	親族以外に面倒を見ていた人はいたか
	㉑	過去の不動産の売却代金の流れについて
	㉒	申告済の金融機関以外の取引の有無について
	㉓	相続人の取引金融機関について
	㉔	家族名義の預貯金の貯蓄形成経緯などの確認
	㉕	家族名義の普通預金通帳の入金内容の確認
	㉖	相続した財産の現在の状況の確認
	㉗	配偶者の勤務歴と貯蓄形成経緯について
	㉘	配偶者の両親からの相続財産の有無について
同族会社について	㉙	各人の所有株式数の確認
	㉚	名義株式の有無
	㉛	債権債務の状況の確認
その他	㉜	印影の収集
	㉝	葬儀の状況
	㉞	香典帳の確認
	㉟	葬式費用、未払金の支払原資について
	㊱	代償金の支払の流れと、その原資について
	㊲	貸金庫の有無と最近の使用状況
	㊳	相続税の納付方法の確認
	㊴	相続した財産の現在の状況の確認

その他	㊵	手帳、アドレス帳、日記帳の確認
	㊶	室内（カレンダー・書画骨董・電話帳など）の確認
	㊷	海外資産の有無
	㊸	遺言書と申告書とのチェック

　その後、次のポイントを中心に質問対象が絞られて、核心部分が判明していきます。

①	名義預金・名義保険・名義株などのいわゆる名義財産の有無
②	土地の売却代金の流れ
③	大口入出金のチェック
④	土地の評価の確認
⑤	生前贈与の申告漏れの確認

　なお、相続税の税務調査で心掛けたいポイントは次の通りです。

①	調査官には聞かれたことに対してのみ正直に回答し、余計な説明を加えることで、話が脱線し派生的に非違事項を指摘されないように注意する。
②	記憶が曖昧で確認が必要な事項については即答せず、後日調べて回答する旨を伝え、できるだけ日数を空けず迅速かつ誠実に対応する。
③	金庫など重要書類の保管場所は調査の際に確認されることから、無用の誤解を与えないためにも、メモや計算資料や印鑑などは普段からきちんと整理しておく。

3　調査されない申告のポイント（名義財産）

Q　今回、父の相続に当たって、母名義の預金が多額であることが判明しました。この預金については、以前から母の名義になっているので、相続財産に計上する必要はないと思うのですが、どうでしょうか。

A

　名義預金・保険・株式などの家族名義の財産は、税務調査において、特に重要なポイントとなります。
　同居相続人・同居親族だけでなく、他の相続人についても配偶者・孫を含め、名義財産の有無について検討し、生前贈与が有効に成立しているかの見極めが必要です。

・・・・・・・・・・・・・・　解　説　・・・・・・・・・・・・・・

　被相続人名義の財産だけが相続財産ではなく、被相続人以外の名義の財産でも、実質的に資金の貯蓄形成過程、及び管理・運用・支配が被相続人であるのであれば、名義財産として相続財産に含まれることになります。
　例えば、妻は専業主婦として他に収入がないにもかかわらず、多額の妻名義の財産がある場合には、その資金の出所がどうなっているのか、生前贈与が成立しているのかがポイントとなります。
　相続税の税務調査では「収入なくして資産なし」という原則があります。
　たとえ妻が夫の給料からコツコツ貯めたヘソクリであったとしても、生前贈与として証明できなければ、夫の相続財産になります。

　名義財産として指摘されるかどうかは、次の３つのポイントに注意が必要です。

①	金融資産の原資が誰なのか
②	生前贈与が有効に成立されているかどうか
③	誰が管理・運用・支配を行っているのか

母親名義の財産が上記3つのうち、どれか1つでも該当するとなると、たとえ名義が母親であっても贈与の時効は成立せず、以前からの分も含めてすべてが父の相続財産に該当することになりますので、事実をきちんと把握して、名義財産として指摘されない疎明資料作りが必要です。

以下に、名義財産として認定されやすい事例を列挙します。

ポイント1……その金融資産の「名義」にかかわらず、その金融資産の「原資」が誰なのか

（原資）

①	長年専業主婦であった妻や就職前の子名義の預貯金で、専従者給与や過去の贈与、実家の相続など明確にその資金の出所を説明できない事例
②	被相続人に、過去に定期預貯金や生命保険の満期・解約、株式や土地の売却収入があるにもかかわらず、その資金に見合う化体財産が、被相続人名義で確認できない事例
③	世帯全体の預貯金のうち、被相続人と他の家族の収入や可処分所得の割合とかい離した家族名義預貯金等がある事例

ポイント2……その「原資」が被相続人の場合、過去に正式に「贈与が成立」しているのか

（贈与不成立）

①	孫に知らせずに、長年孫名義の普通預金・定期預金口座に、毎年100万円ずつ入金していたが、届出印と通帳は祖父自身が保管していたため、そのまま名義預金と判定された事例
②	現金移動をせずに子・孫7人の名前で贈与税申告・納付を10年間行ったが、相続税申告において何も考慮されなかった事例
③	親族名義の定期積金や生命保険（共済）で、被相続人口座から払込みがされていた事例
④	被相続人が所有する賃貸不動産の賃料収入が家族名義の口座に入金されており、そこから派生した預貯金がある事例

ポイント３……その金融資産の「管理・運用・支配」は誰が行っているのか
(管理運用支配)

①	届出印が被相続人と同じで、通帳・証書・証券等の保管を被相続人がまとめて行っている預貯金等の事例
②	新規預入・満期・解約手続やその際の預替え・新規運用手続が名義人本人の自筆でなく、名義人本人の指示もないまま被相続人（又は被相続人の配偶者など）が行っている預貯金等の事例
③	名義人の住所地・勤務先と遠く離れた被相続人の居所近くの金融機関に保有する預貯金等の事例
④	嫁いだ娘の旧姓のまま放置していたり、届出住所が「○○様方」になっていたりする預貯金等の事例
⑤	相続人自身が存在を知らなかった相続人・同居親族名義の預貯金等（郵便局関係で特に証書の定額貯金や簡易保険が多い）の事例

4　調査されない申告のポイント（入出金の流れ）

Q 父が7年前に他界し、今回母が亡くなり二次相続が発生しました。二次相続で気をつけなければいけないことを教えてください。

A

　二次相続の税務調査で問題になるのは、一次相続で相続され配偶者名義となった財産の、その後の二次相続までの間の動きで、金融資産の動きは重点項目となります。

　また、父の死亡後に不動産の売却があった場合には、譲渡代金の流れを把握し、他の資産への移転や、贈与の有無、名義財産の確認がされることがあります。

・・・・・・・・・・・・・・・ 解　説 ・・・・・・・・・・・・・・・

　一次相続が発生した後、10年以内に二次相続が発生した場合で、二次相続の被相続人に対して、一次相続の際に相続人として相続税が課税されているときは、相次相続控除の適用があります。

　この相次相続控除の適用に当たっては、一次相続の申告書を添付することが条件となっていますが、合わせて検討が必要なのは、一次相続の際に母が相続した財産が7年後の二次相続までの間に、どのような動きになっているのかという点です。

　なぜなら、過去の相続において母が取得した相続財産についての動きで、特に金融資産については、一次相続に遡って確認されることが多いからです。

　一次相続と二次相続の財産の推移を比較し、財産の増減に不自然な点がないかというところを確認します。

第5章　納税等

(一次相続・二次相続比較表)

種類	細目	所有場所等	平成23年	平成30年	差額
土地	田	○○市○○1丁目00番	10,575,183円	9,355,866円	-1,219,317円
	田　計		10,575,183円	9,355,866円	-1,219,317円
	宅地	○○市○○2丁目00番	17,800,720円	15,879,979円	-1,920,741円
	宅地　計		17,800,720円	15,879,979円	-1,920,741円
	土地合計		28,375,903円	25,235,845円	-3,140,058円
家屋	居宅	○○市○○2丁目00番地	322,160円	594,790円	272,630円
	家屋合計		322,160円	594,790円	272,630円
預貯金等	普通	○○市農業協同組合	1,337,794円	6,714,117円	5,376,323円
	定期	○○市農業協同組合	37,987,764円	20,000,000円	-17,987,764円
	通常	ゆうちょ銀行		1,602,393円	1,602,393円
	定額	ゆうちょ銀行		6,339,000円	6,339,000円
	預貯金合計		39,325,558円	34,655,510円	-4,670,048円
有価証券	出資金	○○市農業協同組合	165,000円	165,000円	0円
	有価証券合計		165,000円	165,000円	0円
その他の財産	未収利息	○○市農業協同組合	544,691円	675円	-544,016円
	建更積立金	○○市農業協同組合	898,900円		-898,900円
	未収利息	ゆうちょ銀行（2口）		28,423円	28,423円
	未収還付金	○○市役所（3口）		46,213円	46,213円
	その他の財産合計		1,443,591円	75,311円	-1,368,280円
	総合計		69,632,212円	60,726,456円	-8,905,756円

　一次相続の際に母が相続した不動産をその後売却した場合、その売却代金についても他の相続人への資金移動はないか、贈与税申告の漏れはないか、他の資産に転化されていないかなどが調査の対象とされますので、その後の売却代金の使

途はしっかり確認しましょう。

（土地譲渡代金の流れ）

日　付	項　目	金　額
	譲渡以前の保有残高（郵便局定額貯金）	0円
平成23年1月18日	入金	65,000,000円
平成24年4月20日	譲渡所得税	△9,000,000円
平成24年6月30日	市民税（譲渡に係るもの）	△3,000,000円
平成25年5月15日	自宅修繕工事	△8,400,000円
平成26年6月6日	年金共済掛金総額一時払い	△10,000,000円
平成26年6月6日	年金共済掛金総額一時払い	△10,000,000円
平成23年1月～平成30年1月	建更共済掛金総額	△5,500,000円
〃	相続日までの公租公課（固都税・国保等）	△5,000,000円
〃	相続日までの医療費	△3,200,000円
〃	相続日までの生活費（120万円／年）	△8,400,000円
〃	その他	△100,000円
差引計		2,400,000円
相続日（H30.1.10）現在の残高		2,400,000円

第5章 納税等

> **コラム** 税務調査後の罰則（加算税）が厳しくなったのをご存じですか？

平成29年1月1日以後に申告期限又は納期限が到来する国税から、加算税の見直しが行われています。

1、調査通知を受けてから行われる修正申告等の加算税の見直し

税務署から納税者に対して税務調査の事前通知があった場合に、その調査通知以後から調査による更正の予知前までの修正申告・期限後申告について、割合が見直されました（通則法65⑤、66⑥⑦）。

過少申告加算税（修正申告）の場合

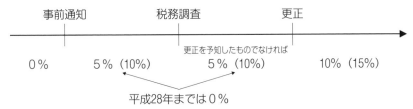

※ 上記表中の（ ）は、期限内税額と50万円のいずれか多い額を超える部分に適用される割合です。

無申告加算税（期限後申告）の場合

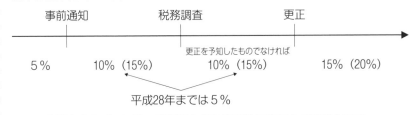

※ 上記表中の（ ）は、50万円を超える部分に適用される割合です。

2、短期間に繰り返して無申告又は仮装・隠ぺいが行われた場合の加算税の見直し

同じ税目について短期間（5年以内）に無申告加算税又は重加算税が課されていたことがある場合には、無申告加算税又は重加算税の割合が加重されます（通

則法66④、68④)。

区分	5年以内に同じ税目に対して無申告加算税又は重加算税を課されたことの有無	
	なし	あり
重加算税（無申告加算税に代えて課される場合）	40%	50%
重加算税（過少申告加算税・不納付加算税に代えて課される場合）	35%	45%
無申告加算税	15% (20%)	25% (30%)

（注）（　）書きは、加重される部分（50万円を超える部分）に対する加算税割合を表します。

【参考図書】

「都市農地の特例活用と相続対策」　今仲清・下地盛栄 著　清文社
「改正生産緑地法運用の手引き」
　　　全国農業委員会都市農政対策協議会 編　全国農業会議所
「都市農家・地主の税金ガイド」　清田幸弘 著　税務研究会
「市街地近郊土地の評価」　松本好正 著　大蔵財務協会
「ケースにみる宅地相続の実務」　清田幸弘 編集　新日本法規出版
「相続税 贈与税の実務土地評価」　国武久幸・小林登 共著　大蔵財務協会
「事例詳解 広大地の税務評価」　日税不動産鑑定士会 編著　プログレス
「判例・裁決例にみる土地評価の実務」　神谷光春 著　新日本法規出版
「事例で理解する小規模宅地特例の活用」　高橋安志 著　ぎょうせい
「相続トラブル解決事例20」　高橋安志 著　大蔵財務協会
「相続人・相続財産調査マニュアル」　清田幸弘 編集　新日本法規出版
「土地の時価評価と活用100問100答」　下﨑寛 著　ぎょうせい
「税理士のための相続相談対応マニュアル」　清田幸弘 編著　新日本法規出版
「Q&A相続税延納・物納の実務」　黒坂昭一 著　大蔵財務協会
「相続税法特有の更正の請求の実務」　松本好正 著　大蔵財務協会
「被相続人のタイプ別にわかる！相続税の税務調査Q&A」　中央総研 著　税務経理協会
「どこをどうみる相続税調査―相続税申告前の事前チェックと調査への対処法」
　　　山本和義・高田隆央・水品志麻 共著　清文社
「相続税納付リスク対策ハンドブック」　黒坂昭一 著　大蔵財務協会

【著者紹介】

清田　幸弘（せいた　ゆきひろ）

税理士・行政書士
法人の代表税理士。神奈川県横浜市に農家の長男として生まれ、横浜農協に勤めた後、税理士に転身。自身の生まれと農協勤務経験を活かした相続コンサルティングには定評があり、過去に手がけた相続税申告件数3,400件超。

〈主な著書〉
『相続人・相続財産調査マニュアル』（新日本法規出版）
『都市農家・地主の税金ガイド』（税務研究会出版局）
『不動産オーナーの相続実務』（日本法令）

ランドマーク税理士法人
〒220-8137
神奈川県横浜市西区みなとみらい2丁目2番1号横浜ランドマークタワー37階
TEL　045-263-9730

下﨑　寛（しもざき　ひろし）

税理士・不動産鑑定士
公的評価（地価公示評価員・相続税路線価精通者・固定資産税評価委員）に永年携わり、併せて、東京家庭裁判所調停委員（遺産分割事件中心）も経験し、税理士・不動産鑑定士として会計士・税理士の土地評価のセカンドオピニオンとして活動している。

〈主な著書〉
『事例詳解広大地の税務評価』（プログレス）
『土地の時価評価と活用』（ぎょうせい）
『土地の税務評価と鑑定評価』（中央経済社）

下﨑寛税理士事務所
〒160-0023
東京都新宿区西新宿8丁目14番17号アルテール1211
TEL　03-5348-4631

妹尾　芳郎（せのお　よしろう）

　　公認会計士・税理士
　　平成元年の開業以来、相続関連業務に特化し申告件数は1,500件を超える。
　　不動産業の実務経験を活かし、土地活用や底地物納等300件超の経験を有する。
　　相続のプロとして円満相続支援業をコンセプトに多方面で活躍している。

　〈主な著書〉
　　『税理士のための相続相談対応マニュアル』（新日本法規出版）
　　『ケースにみる宅地相続の実務―評価・遺産分割・納税―』（新日本法規出版）
　　『Q&A圧縮記帳の税務と会計』（清文社）

　　ひょうご税理士法人
　　〒661-0012
　　兵庫県尼崎市南塚口町2丁目6番27号
　　TEL　06-6429-1301

永瀬　寿子（ながせ　としこ）

　　税理士
　　所属法人の持つ過去の豊富な事例（相談件数15,000件超）を基に、同法人が顧問を務める各農協の組合員（都市農家・地主の方々）からの税務相談や金融機関からの質問に対応し、研修会の講師を務める。

　〈主な著書〉
　　『相続人・相続財産調査マニュアル』（新日本法規出版）
　　『都市農家・地主の税金ガイド』（税務研究会出版局）
　　『税理士のための相続相談対応マニュアル』（新日本法規出版）

　　ランドマーク税理士法人
　　〒220-8137
　　神奈川県横浜市西区みなとみらい2丁目2番1号横浜ランドマークタワー37階
　　TEL　045-263-9730

本書の内容に関するご質問は、ファクシミリ等、文書で編集部宛にお願いいたします。（fax 03-6777-3483）
なお、個別のご相談は受け付けておりません。

本書刊行後に追加・修正事項がある場合は、随時、当社のホームページ（https://www.zeiken.co.jp）にてお知らせいたします。

生産緑地を中心とした都市農家・地主の相続税・贈与税

平成31年3月8日　初版第1刷印刷　　　　　　　　　　（著者承認検印省略）
平成31年3月15日　初版第1刷発行

　Ⓒ　編著者　　清　田　幸　弘
　　　著　者　　下　﨑　　　寛
　　　　　　　　妹　尾　芳　郎
　　　　　　　　永　瀬　寿　子
　　　発行所　　税務研究会出版局
　　　　　　　　週刊「税務通信」「経営財務」発行所
　　　代表者　　山　根　　　毅

郵便番号100-0005
東京都千代田区丸の内1-8-2 鉄鋼ビルディング
振替00160-3-76223
電話〔書籍編集〕03(6777)3463
　　〔書店専用〕03(6777)3466
　　〔書籍注文〕
　　〈お客さまサービスセンター〉03(6777)3450

各事業所　電話番号一覧

北海道 011(221)8348　　神奈川 045(263)2822　　中　国 082(243)3720
東　北 022(222)3858　　中　部 052(261)0381　　九　州 092(721)0644
関　信 048(647)5544　　関　西 06(6943)2251

〈税研ホームページ〉　https://www.zeiken.co.jp

乱丁・落丁の場合は、お取替え致します。　　印刷・製本　東日本印刷株式会社
ISBN 978-4-7931-2421-1